国家基础科学人才培养基金项目资助（J1210071）

庐山典型地理现象图集

南京大学庐山实习队　编著

东南大学出版社
SOUTHEAST UNIVERSITY PRESS

南京

内容提要

《庐山典型地理现象图集》是《庐山地区地理学野外实习指南》的配套图集，绝大多数图片均为长期以来南京大学庐山实习队的带队老师根据实习讲课的需要选择性拍摄。本书共分为区域概况、地质、地貌、气象气候、植被与植物、土壤、水文水资源、人文地理等章节，照片配有文字说明，可帮助学生更好地了解庐山的地理现象。

本书可作为全国以庐山作为实习基地的各高校师生的辅助教材，也可为对庐山旅游和景观感兴趣的人士提供参考。

图书在版编目（CIP）数据

庐山典型地理现象图集/南京大学庐山实习队编著.
—南京：东南大学出版社，2016.12
ISBN 978-7-5641-6904-6

Ⅰ.①庐… Ⅱ.①南… Ⅲ.①庐山-自然地理学-研究 Ⅳ.①P942.563

中国版本图书馆CIP数据核字（2016）第317897号

庐山典型地理现象图集

出版发行：东南大学出版社
社 址：南京市四牌楼2号 邮编：210096
出 版 人：江建中
责任编辑：宋华莉(52145104@qq.com)
网 址：http://www.seupress.com
经 销：全国各地新华书店
制 版：雅昌（南京）艺术中心
印 刷：上海雅昌艺术印刷有限公司
开 本：889 mm×1194 mm 1/20
印 张：9
字 数：308千字
版 次：2016年12月第1版
印 次：2016年12月第1次印刷
书 号：ISBN 978-7-5641-6904-6
定 价：168.00元

前言

庐山是典型的地垒式断块山，在褶皱构造影响下发育了大型的复背斜构造地貌，其地质、地貌类型丰富，层次齐全，形迹明显，成因复杂，是进行地质、地貌实习的良好场所。庐山地处中亚热带——北亚热带过渡区，生物资源非常丰富，加之面江临湖，山高谷深，形成极富特色的气候条件。庐山的气候、植被以及土壤都具有明显的垂直分异现象，在气象气候、植物地理、土壤地理、水文水资源等方面都有着非常丰富的实习内容。

被世界遗产委员会列为“世界文化景观”的庐山有着异常丰富的人文资源，包括：宗教文化、理学文化、山水文化、别墅文化和政治文化等。庐山的人文要素、历史遗迹，“以其独特的方式融汇在具有突出价值的自然美之中”。山城（牯岭）、江城（九江）、县城（星子）、旅游景区、水陆交通枢纽等构成了独特的城市地理、文化地理、经济地理、旅游地理现象，为人文地理学实习提供了宽阔的舞台。

南京大学地理系自1950年代率先在庐山开辟建设野外实习基地至今，为一代代地理学者的成长做出了重要贡献，同时在长期教学实践过程中积累了丰富的教学资源。庐山实习内容也从当初单一的地质、地貌等自然地理实习拓展到全面融合自然地理、人文地理和地理信息科学为一体的大地理综合实习，切实提高了学生的地理学综合素质和野外实践能力。

2008年南京大学庐山实习基地被国家自然科学基金委员会批准为国家基础科学人才培养野外实习基地。在基金委两期基金资助下，成功举办了面向全国高校的庐山地理学野外实习骨干教师培训班，承担了三期全国地理学理科人才基地联合实习，在全国高校中有着重要的影响，每年有数十所高校相关院系来此实习。南京大学庐山实习基地在实习教材编写、实习路线设计、实习内容制定、实习师资培训等方面，为兄弟院校提供了支持和参考。

为进一步丰富庐山实习教学资源，为广大师生提供更加直观和鲜明的图片资料，南京大学庐山实习队编制了《庐山典型地理现象图集》。该图集分为区域概况、地质、地貌、气象气候、植被与植物、土壤、水文水资源和人文地理等八个部分内容。参加图集编制的老师有王腊春、李徐生、韩志勇、李升峰、吴绍华、陈刚、高超、陈逸、刘泽华、左平、江昼、姜洪涛、张兴奇、王先彦、史江峰、马劲松、张洪和曾春芬等。图集中的照片除个别来自网络外，其他均为南京大学庐山实习队教师拍摄。

由于本图集的照片是在野外实习过程中拍摄，对地理现象的整理难免挂一漏万，部分照片质量不高，敬请广大读者指正与见谅。

王腊春

2016年12月1日

目录

第一章　区域概况

庐山地处中亚热带北部，位于江西省北部的九江市，北侧的长江自西向东流，东侧的鄱阳湖由南至北汇入长江。山、江、湖交相辉映。

第一章 区域概况

Chapter 1 Regional General Situation

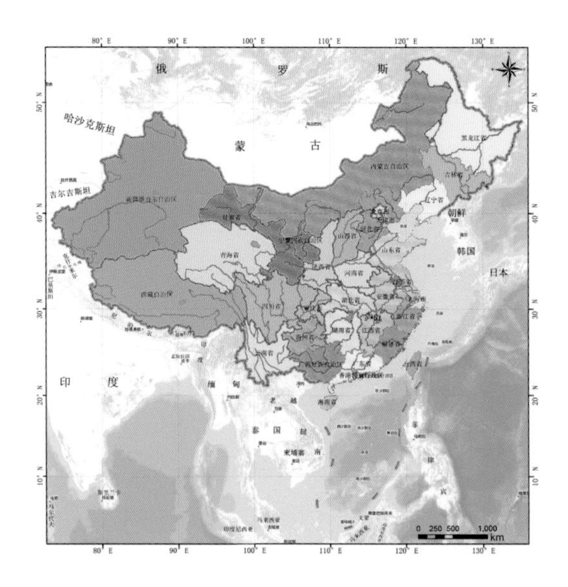

庐山（东经 115° 52′~116° 13′，北纬 29° 22′~29° 46′）位于江西省北部，包括原九江市、庐山风景区和庐山南北麓的星子县、九江县的大部分，总面积约 800 km^2。

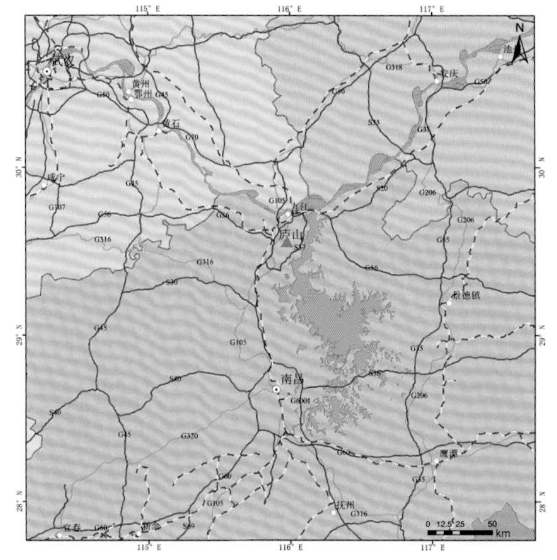

庐山地区的交通便利，G56 和 G105 高速公路、京九（北京－香港九龙）、合九（合肥－九江）、武九（武汉－九江）、铜九（铜陵－九江）、昌九（南昌－九江）、九景衢（九江－景德镇－衢州）铁路可达，也是长江与鄱阳湖的水上交通枢纽之一。

庐山地区 TM 遥感影像图（7 蓝 4 绿 2 蓝）

庐山北滨中国第一大河长江，东临中国第一大淡水湖鄱阳湖，位于山、江、湖交汇地带。

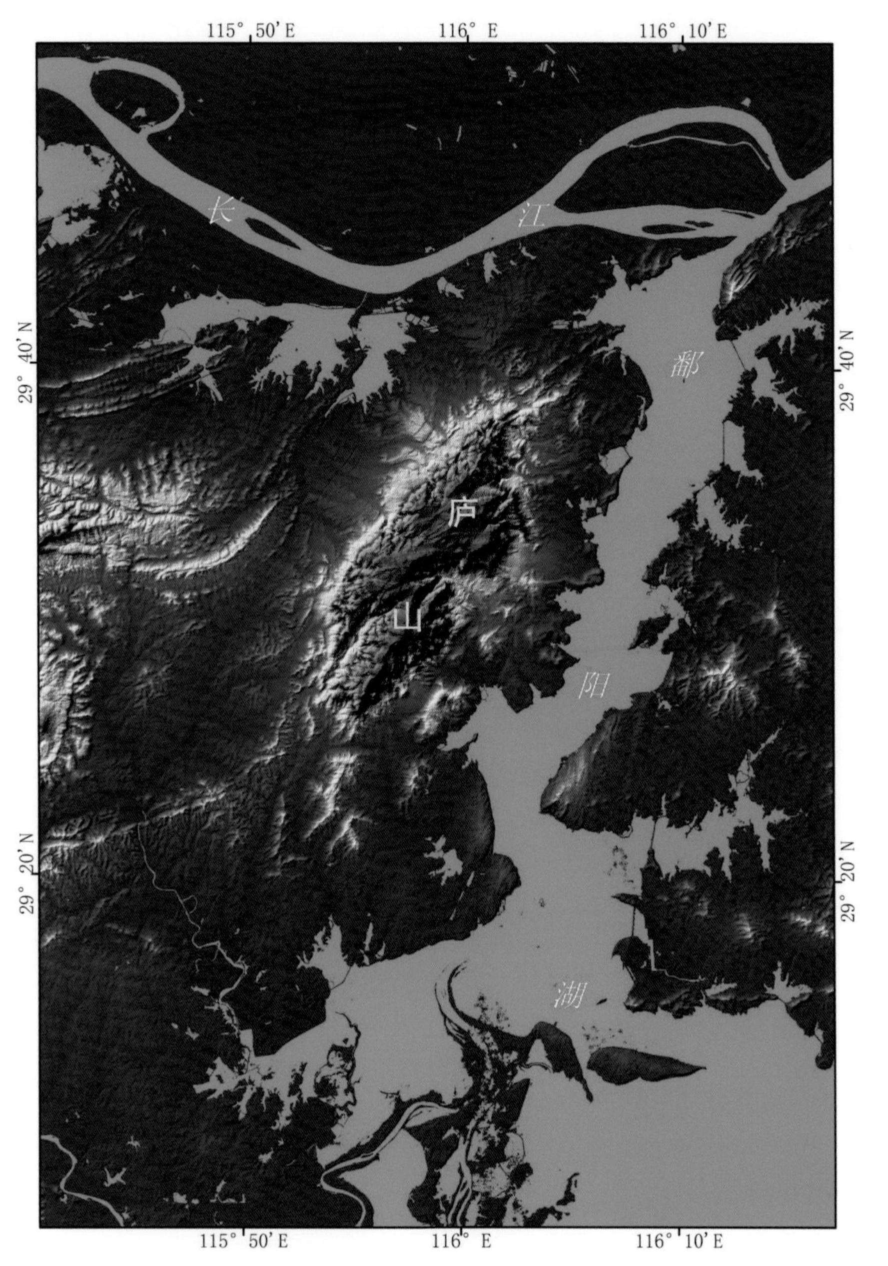

庐山地区的 DEM 图（30 m 分辨率，ASTER GDEM）

庐山地区地貌类型多样，包括中山山地、山前丘陵和滨水平原等。其中庐山山体总体走向北北东，长约 29 km，宽约 16 km，主峰汉阳峰海拔 1473.4 m。

第二章 地质

庐山地区各地质时期都具有较大的构造活动性，岩浆活动强烈，混合岩化明显。区内地层发育较齐全，构造形迹明显。

入口

第二章 地 质

Chapter 2 Geology

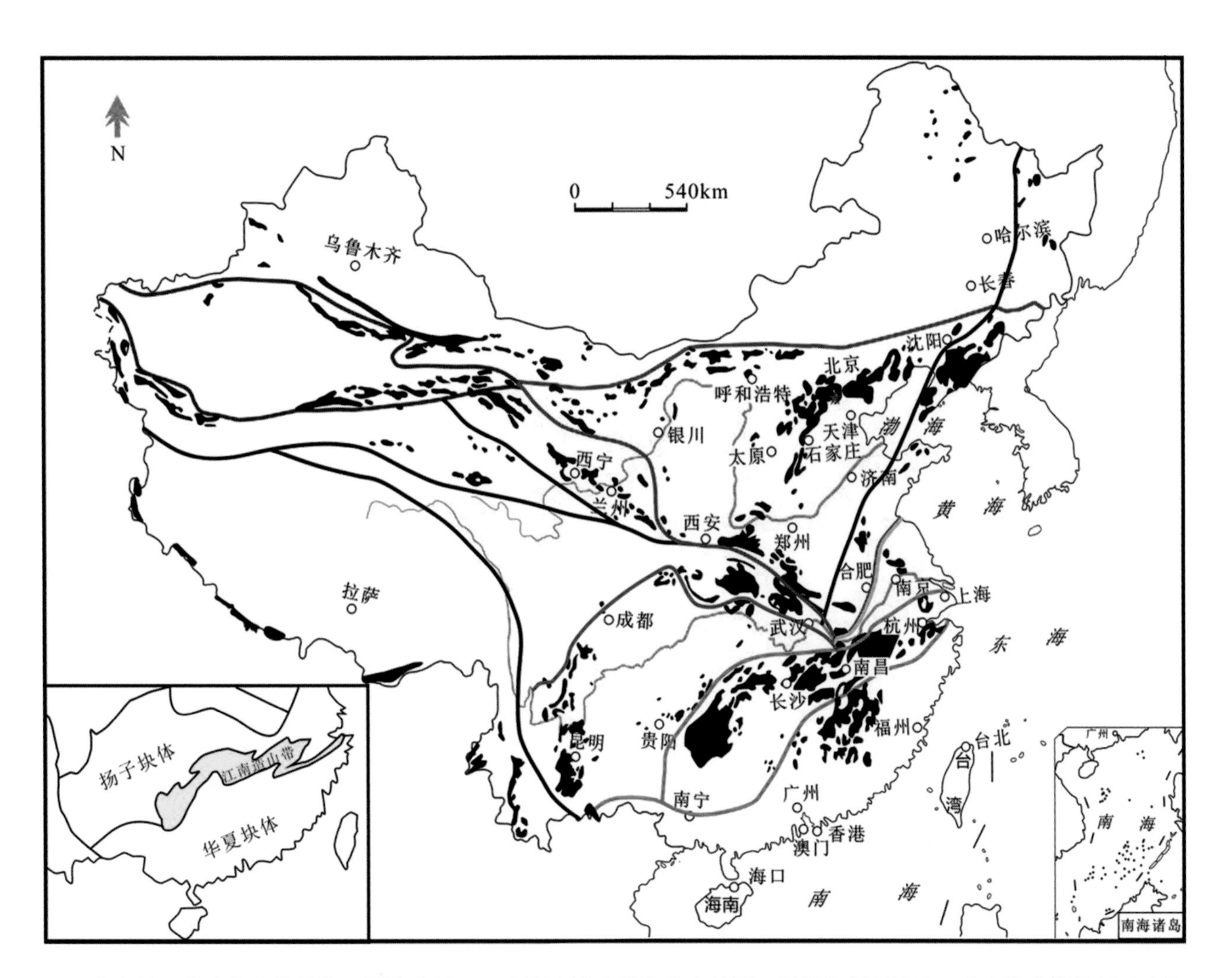

庐山位于华南造山带北缘，距离秦岭——大别山造山带仅数十公里，其间为扬子地块。华南造山带是新元古代扬子地块与华夏地块碰撞拼合的位置。侏罗纪至早白垩纪，本区在岩石圈收缩状态下经历陆内造山作用，晚白垩纪则在岩石圈伸展状态下形成盆岭构造。图中黑色块体代表前寒武纪地层，粗线条为大的地层分区界线（高林志供图）。

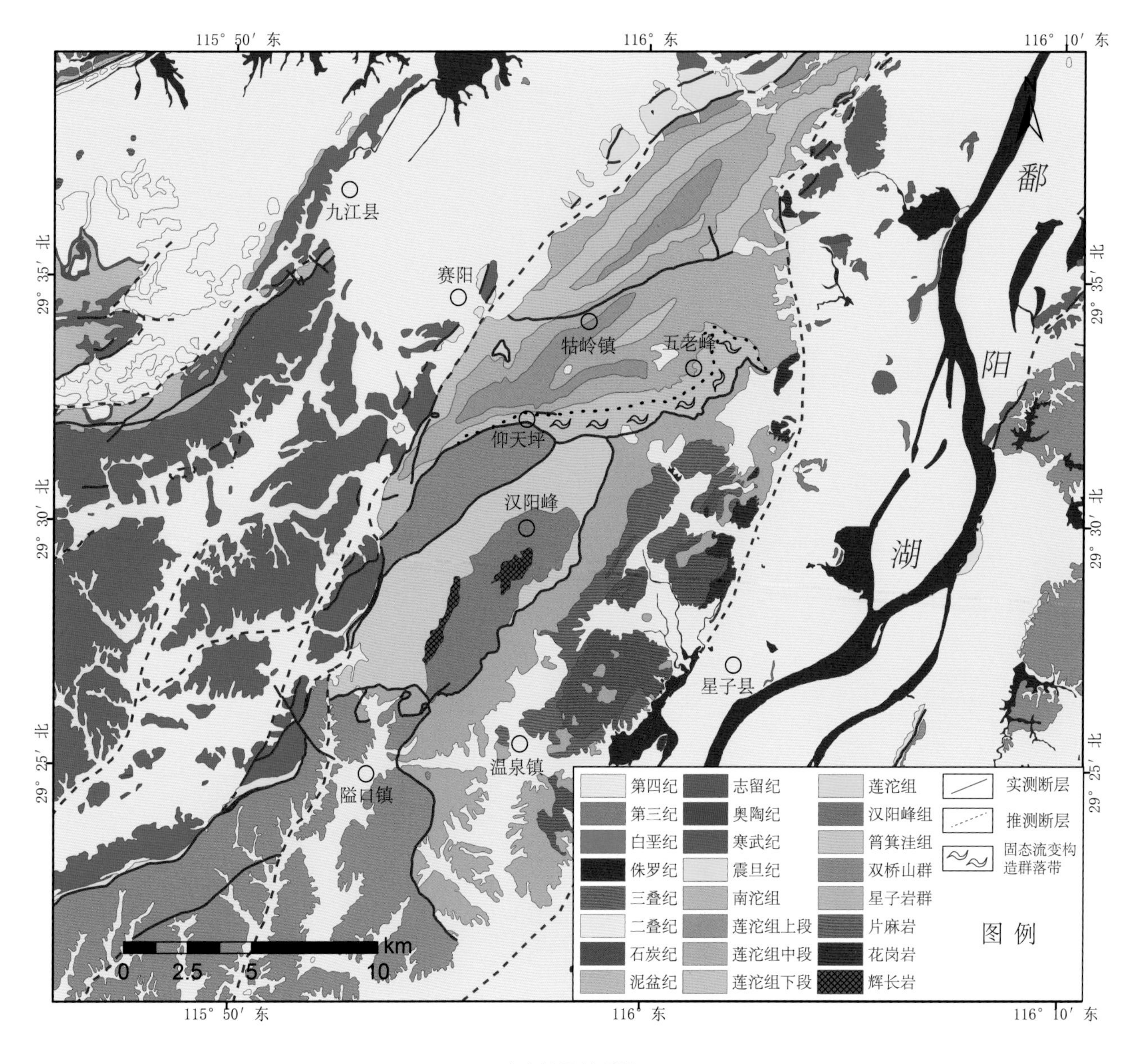

庐山地区地质图

山体由两条弧形断层围限，山体内部出露前震旦系地层，北山为南华系莲沱组（Nh_1l），南山为前南华系双桥山群（Pt_3s）和庐山垄群（Pt_3l），褶皱、断层发育。山体外围的东南部出露前南华系星子岩群（Pt_3x）变质岩以及中生代侵入岩，其余出露古生代、中新生代地层。

石榴石云母片岩（秀峰）——晚元古代星子岩群（Pt_3x）

星子岩群属中深变质（角闪岩相）片状无序岩类，原岩为火山岩或沉积岩，主要分布于秀峰—栖贤寺—白鹿洞一带。

混合岩化片麻岩（秀峰）——晚元古代星子岩群（Pt_3x）

变粒岩（秀峰）——晚元古代星子岩群（Pt_3x）

浊积岩（仰天坪）——晚元古代双桥山群（Pt_3s）

双桥山群主要由绿片岩相浅变质板岩、变余细砂岩、粉砂岩、细碧—石英角斑岩组成。

南华系莲沱组属海相沉积，厚约1400 m，分为上、中、下三段。上段主要为长石石英砂岩。中段上部为含砾石英砂岩、石英砂岩，中段下部为长石石英砂岩。下段主要为含砾石英岩夹石英片岩、千枚岩。

含砾石英砂岩（大月山）——南华系莲沱组下段（Nh_1l_1）

千枚岩（五老峰待晴亭）——南华系莲沱组下段（Nh_1l_1）

石英岩（三叠泉）——南华系莲沱组下段（Nh_1l_1）

含砾石英砂岩（王家坡）——南华系莲沱组中段（Nh_1l_2）

砾石具坠石的特点，可能属冰筏沉积。

长石石英砂岩（乌龙潭）——南华系莲沱组上段（Nh_1l_3）

南华系莲沱组长石石英砂岩的回弹值小于（含砾）石英砂岩以及石英岩，说明长石石英砂岩的硬度较低，抗风化侵蚀的能力弱。

志留系主要分布于庐山外围地区，为一套浅海相碎屑沉积。

紫红色粉砂岩（大排岭附近）——早志留纪（S_1）

白垩纪南雄组分布于八里湖、白水湖以及鄱阳湖湖畔一带，由紫红色砂岩、砂砾岩及砾岩组成，为陆相沉积。由于缺乏变质岩的砾石，所以推测当时庐山的变质岩尚未出露。

砾岩（星子落星墩）——晚白垩纪南雄组（K_3n）

地质观测——岩石硬度测量：通过回弹仪的弹性杆冲击岩石表面，其冲击能量的一部分转化为使岩石产生塑性变形的功，另一部分表现为冲击杆的回弹距离——回弹值。回弹值越大，表明岩石表面硬度越大，抗塑性变形能力也越强。

网纹泥砾（星子县城）——早、中更新世（Q_1-Q_2）

网纹泥砾在山下出露广泛，多组成岗丘，砾石以石英砂岩和长石石英砂岩为主，多巨砾，大小悬殊。网纹泥砾曾被认为是冰碛物，是庐山第四纪冰期的产物，现在一般认为其成因与泥石流有关。

网纹红土（星子县城）——早、中更新世（Q_1-Q_2）

网纹红土覆盖于网纹泥砾之上，网纹发育程度向上逐渐变浅，最终变为均质红土。网纹红土经历了多阶段的气候波动，是一种复合型的古土壤。白色网纹是红色基质经脱铁作用而形成，代表了中国南方一个极端湿润气候期。

网纹泥砾（蛇头岭）——早、中更新世（Q_1-Q_2）

网纹化风化层（大天池附近）（时代未知）

混杂堆积物（大校场谷口）——更新世

此处的混杂堆积物也曾被认为是冰碛物，现在一般认为属于重力搬运和流水搬运而形成的沉积。

顺层褶皱变形（三叠泉）——南华系莲沱组下段（Nh_1l_1）

断层（含鄱口），发育于南华系莲沱组中段（Nh_1l_2），形成棕色的断层泥。

第三章 地貌

庐山属于断块山，边界断裂清晰，西北侧是莲花洞断裂，东南侧是温泉断裂，边界断裂呈弧形展布，山体在平面上呈橄榄形。

第三章 地 貌

Chapter 3 Topography

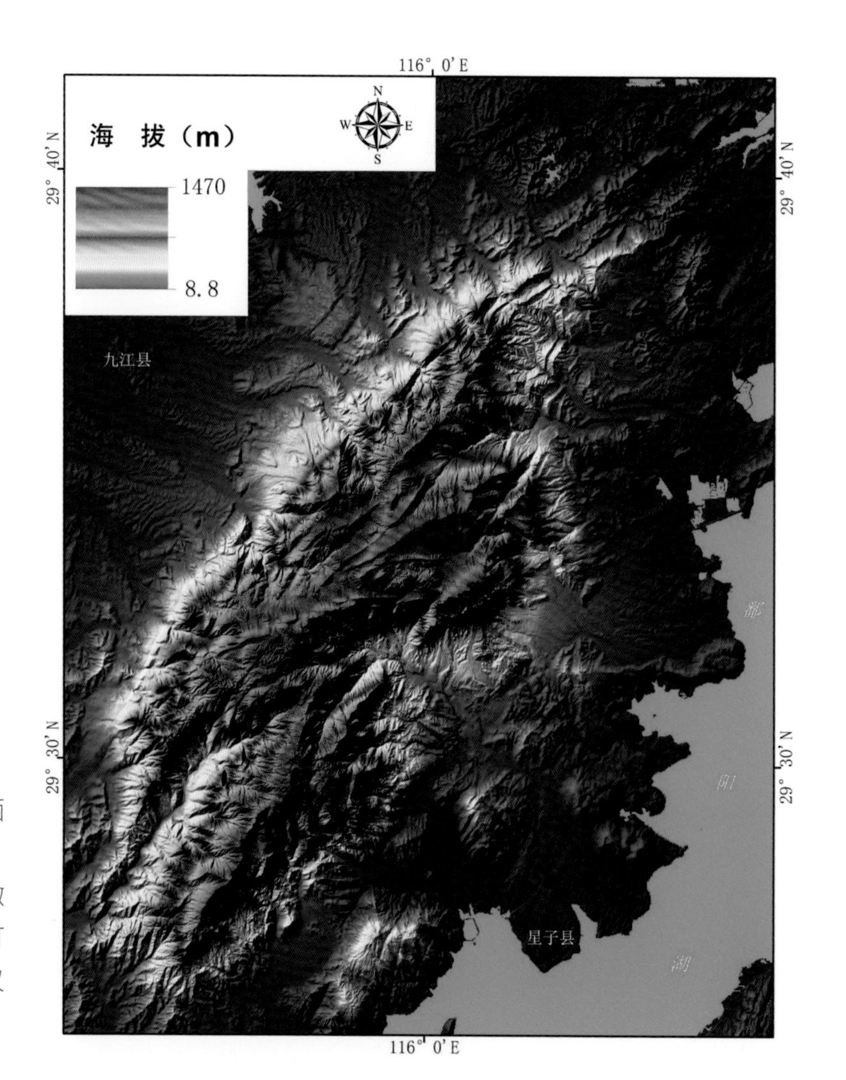

庐山山体 DEM 图（5 m 分辨率）

庐山属于断块山，边界断裂清晰，西北侧是莲花洞断裂，东南侧是温泉断裂，边界断裂呈弧形展布，山体在平面上呈橄榄形。以中部的九奇峰和犁头尖为界，可分为南山与北山。最高峰是位于南山的汉阳峰（1473.4 m）。

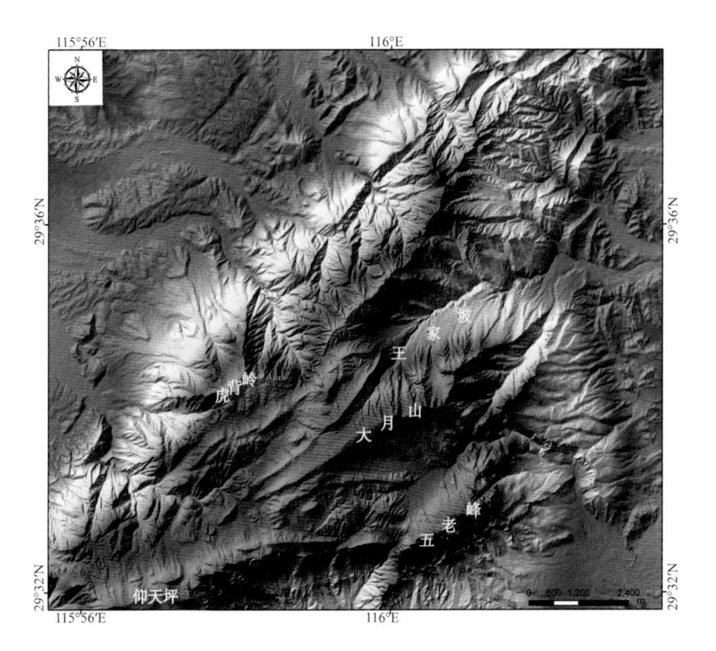

庐山北山 DEM 图（5 m 分辨率）

褶皱构造地貌明显，受大月山复背斜与流水侵蚀的影响，形成岭谷相间的地形。自西向东依次为虎背岭背斜山、西谷次成谷、牯牛岭次成山、东谷向斜谷、女儿城次成山、大校场次成谷、大月山背斜山、七里冲次成谷、蚱蜢岭次成山、青莲寺向斜谷和五老峰背斜山。王家坡谷地属向斜谷。山体内部多宽谷地形，山体外围多峡谷地形，宽谷与峡谷之间的旋回裂点，代表庐山抬升后河流溯源侵蚀到达的最高位置。

庐山南山 DEM 图（5 m 分辨率）

褶皱构造地貌明显，庐山垄为背斜谷，汉阳峰为向斜山。仰天坪附近地形起伏小，可能是夷平面。

构造地貌——背斜山（大月山）

所谓的“大坳冰斗”位于山脊附近，是横节理密集处受侵蚀形成的横向洼地，大月山与屋脊岭之间是白沙河。

构造地貌——单面山（五老峰之五峰）

位于五老峰背斜核部，顺向坡缓，逆向坡陡，出露莲沱组下段（Nh_1l_1）。

构造地貌——单面山（五老峰）

其左侧为次成谷。五个峰之间的垭口是顺横节理密集处侵蚀而形成，五老峰之下的陡崖，其形成与此处岩层主要为抗风化的石英岩有关（Nh_1l_1）。

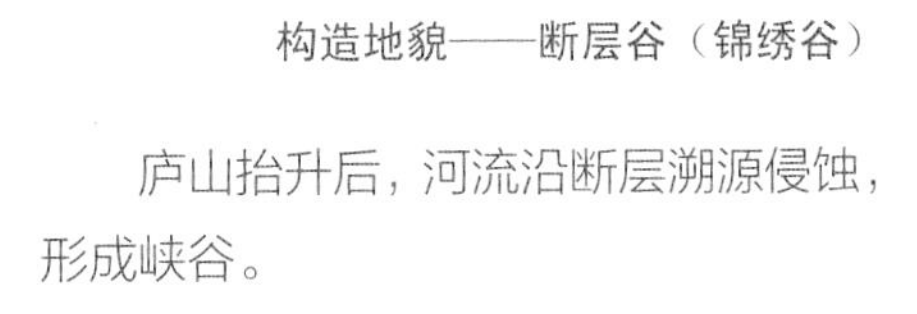

构造地貌——断层谷（锦绣谷）

庐山抬升后，河流沿断层溯源侵蚀，形成峡谷。

大马颈与鸭婆石下方各有一条正断层（剪切带）经过，断层经过处岩石破碎，易受侵蚀，导致地形坡度增加，形成阶梯坎，上盘则形成平缓的阶梯面。

构造地貌——阶梯状地形（剪刀峡）

从左向右，依次为大月山背斜山、大校场次成谷、女儿城次成山、东谷向斜谷、牯牛岭次成山、西谷次成谷和虎背岭背斜山。

构造地貌——褶皱构造地貌（北山岭谷相间的地形）

流水地貌——山峰林立的地形（南山秀峰一带）

星子岩群变质岩软硬相间，差异性侵蚀形成呈北东—南西延伸的谷地，在庐山抬升后，河流溯源侵蚀形成北西南东向延伸的谷地，两组谷地切割山体而形成多个陡峭的山峰。

构造地貌——山间盆地（芦林湖附近）

大月山背斜枢纽向南西端倾伏，莲沱组中段上部（Nh_1l_2）地层合围，导致次成山合围形成盆地。

构造地貌——向斜谷（王家坡）

与其他山体外围的谷地不同，王家坡谷地类似宽谷。

构造地貌——背斜谷（庐山垄）

筲箕洼组（Pt_3s）的地层褶皱形成背斜，核部受侵蚀形成谷地，两翼侵蚀较慢形成山岭，产生地形倒置的现象。

构造地貌——向斜山（汉阳峰）

汉阳峰组（Pt_3h）的地层褶皱形成向斜，两翼侵蚀较快形成谷地，核部侵蚀较慢形成山岭，产生地形倒置的现象。

构造地貌——向斜山（汉阳峰）、断层谷或单斜谷（长垅涧）

向斜山由晚元古代变流纹岩（Pt_3h）构成，断层谷或单斜谷由晚元古代海相火山岩（Pt_3s）构成。

庐山抬升前，经长期的剥蚀，形成起伏平缓的老年期地形。庐山抬升后，河流自山外向山内溯源侵蚀，在溯源侵蚀尚未达到的地方，老年期地形得以保存（约 2 km²）。（本图拍摄位置位于大校场谷地，远处平缓的山顶为仰天坪夷平面。）

构造地貌——夷平面（仰天坪）

构造地貌——夷平面（仰天坪）

庐山抬升前经长期的剥蚀形成的老年期地形，高差多在 50 m 以内，面积约 2 km²。假以时日，仰天坪周围的河流将溯源侵蚀至此，从而彻底瓦解夷平面。

构造地貌——老年期地形（西谷附近）

在褶皱构造地貌基础上发育的老年期地形（宽谷），主要分布于西谷、东谷、大校场、芦林湖、青莲寺等地，面积约 16 km^2。老年期地形是庐山抬升前形成的，庐山抬升后，以峡谷为标志的幼年期地形随着河流溯源侵蚀不断向山体内部扩展，老年期地形受蚕食不断减小。

河流地貌——风口（大月山水库）

大校场的河流被东谷的长冲河袭夺，袭夺弯位于汉口峡，断头河位于水库左侧，反向河位于水库右侧。大校场与东谷的河流均为宽谷中的河流，河流袭夺的原因是东谷的河流位置低，河流流程短、坡降大，溯源侵蚀快，切穿了分水岭。

河流地貌——河流袭夺（芦林湖）

大校场的河流被石门涧的河流袭夺，芦林湖大坝位于袭夺弯。庐山抬升后，石门涧的河流溯源侵蚀形成峡谷，切穿分水岭（女儿城）后，袭夺了宽谷的河流，同时在大坝附近形成旋回裂点。

河流地貌——河流袭夺（如琴湖）

西谷河流被锦绣谷河流袭夺，大坝位于袭夺弯。庐山抬升后，锦绣谷的河流溯源侵蚀形成峡谷，切穿分水岭（虎背岭）后，袭夺了宽谷的河流，同时在大坝附近形成旋回裂点。

河流地貌——悬谷（莲花谷）

位于屋脊岭与草地坡之间的宽谷，在汇入王家坡谷地处坡度增大，其下是裁缝岭。

河流地貌——悬谷（莲花谷）

可能是庐山抬升后，侵蚀基准面下降导致河流溯源侵蚀形成的裂点，也可能与此处莲沱组中段上部（Nh_1l_2）的岩石抗侵蚀能力强有关。

河流地貌——旋回裂点（剪刀峡）

建筑物分布区为宽谷（窑洼），以下则为峡谷，旋回裂点位于两者相交的部位，宽谷代表庐山大量抬升以前的老年期的地形，而峡谷是庐山抬升后河流溯源侵蚀产生的年轻地形，旋回裂点代表溯源侵蚀目前到达的位置。

河流地貌——构造裂点（碧龙潭）

这里出露的是莲沱组下段（Nh_1l_3），横截河谷的节理密集带上岩石破碎，河流下切较快，节理密集带以上的岩石抗侵蚀能力强，河流下切较慢，形成河床纵剖面上的坡折（裂点）。

河流地貌——构造裂点（乌龙潭）

这里出露的是莲沱组上段（Nh_1l_3），横截长冲河河谷的节理密集带上岩石破碎，河流下切较快，节理密集带以上的岩石抗侵蚀能力强，河流下切较慢，形成河床纵剖面上的坡折（裂点）。

乌龙潭构造裂点附近横节理密集。

河流地貌——瀑布潭（秀峰龙潭）

在岩性裂点的位置形成的瀑布，不断冲刷下方的河床，并在此形成旋涡流，凹陷受侵蚀逐步扩大而形成瀑布潭。

河流地貌——岩性裂点（秀峰龙潭）

此处出露的地层是星子岩群，混合岩化片麻岩中的伟晶岩脉晶粒粗大，易受侵蚀，导致此处的河床逐渐凹陷，形成陡坎。

河流地貌——嶂谷（天桥）

庐山抬升后，锦绣谷的河流溯源侵蚀形成峡谷，其谷头附近河流以下切为主，形成深度大于宽度的河谷。同时这里也是锦绣谷河流袭夺西谷的河流形成的天桥袭夺弯。

河流地貌——岩性裂点（黄岩瀑布，即庐山瀑布）

瀑布位置出露星子岩群变粒岩，抗侵蚀能力强，其下为云母片岩，抗侵蚀能力弱，差异侵蚀形成高差近百米的瀑布。

河流地貌——嶂谷（三叠泉）

庐山抬升后，三叠泉的河流溯源侵蚀形成峡谷，由于此处出露莲沱组下段（Nh_1l_1）的石英岩，抗侵蚀能力极强，导致谷坡难以崩塌后退，所以形成陡直的谷坡。

流水地貌——垭口（晒谷石）

庐山抬升后，山体西南面的庐山垄谷地与东北面的百药塘谷地的河流不断溯源侵蚀，切穿了夷平面，并在此汇合，导致分水岭不断下降而形成。

岩石地貌——塔状地貌（锦绣谷）

位于虎背岭背斜核部，由莲沱组下段（Nh_1l_1）含砾石英砂岩夹千枚岩构成。坚硬的近水平岩层、垂直节理的发育与河流的强烈下切，有利于形成塔状地貌。

重力地貌——崩积物（西谷飞来石）

源自牯牛岭次成山的崩积物在西谷的谷底、谷坡堆积，其后崩积物中细碎屑被流水侵蚀、搬运，而巨大的岩块则留在原地。

重力地貌——马刀树（回龙路）

树干的下部呈弧形弯曲，弯顶指向坡下。指示风化层不稳定，曾发生过蠕动。

湖滨地貌——湖蚀地貌（星子下岸角附近）

湖浪不断侵蚀网纹红土的湖岸，形成湖蚀平台、湖蚀崖与湖蚀穴。

湖滨地貌——湖蚀平台（星子下岸角附近）

湖水位长期稳定在某一高度，湖浪不断侵蚀网纹红土的湖岸，侵蚀下来的物质被波浪带走，湖岸不断后退，在前方留下微微向湖倾斜的湖蚀平台，可以指标当时的湖水位。

湖滨地貌——湖蚀穴（星子下岸角附近）

湖浪不断侵蚀网纹红土的湖岸，湖蚀崖上因湖浪侵蚀作用而形成的大致等高并断续分布的凹槽。

湖滨地貌——湖蚀柱（星子下岸角附近）

网纹红土的湖岬不断受湖浪侵蚀而与湖岸分离，其上相对松散的黄土、红土已被侵蚀，只遗留下半固结的网纹红土构成低矮的湖蚀柱。

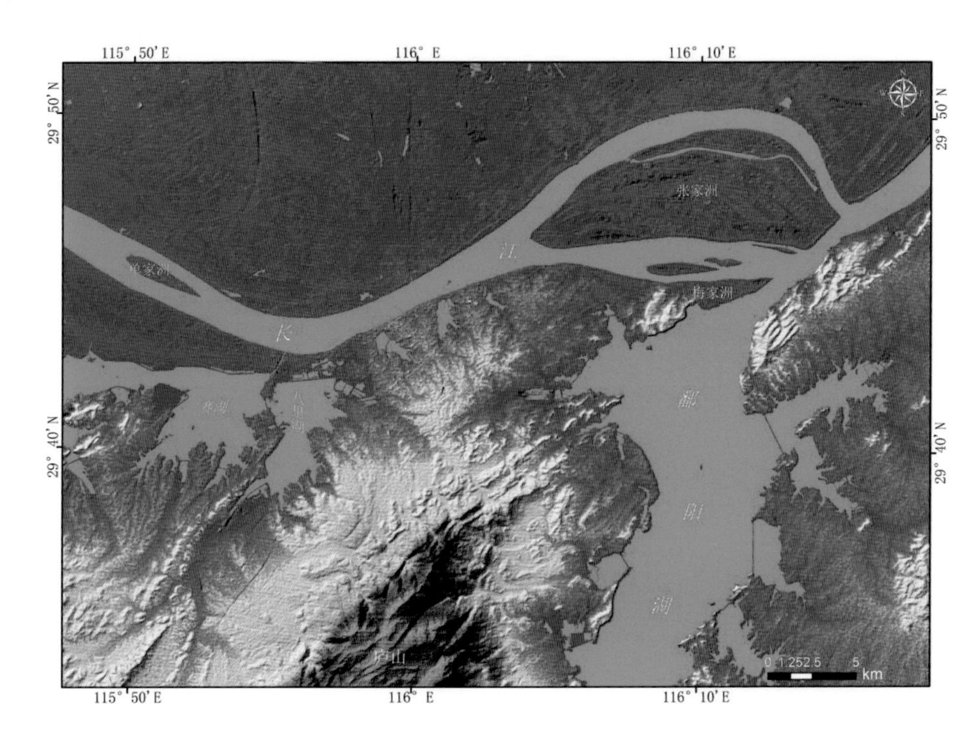

九江地区 DEM 图（30 m 分辨率，ASTER GDEM）

分汊—微弯—分汊的长江九江河段，南岸发育自然堤后湖。凹岸由松散冲积物构成，易受侵蚀，1998 年长江大堤在此决口。

鄱阳湖地区遥感影像图（波段 3 红 2 绿 1 蓝，数据来源于 Google Earth）

在断陷盆地基础发育的拗陷湖。宋初因梅家洲形成，导致排水不畅而出现。都昌以南湖面开阔，以北湖面狭窄。

湖滨地貌——湖积地貌（星子下岸角）

高湖面时湖湾被湖水淹没，因湖湾水动力弱，泥质沉积形成湖滩，低水位时湖滩裸露。

湖滨地貌——湖蚀地貌（星子沙岭）

沙质湖岸易受波浪侵蚀，湖岬后退的同时湖湾堆积，故而形成了顺直的岸线。

湖滨地貌——滩脊（星子下岸角）

较高水位时，激浪将沙砾搬运到湖滩上堆积而成的滩脊，由于堆积的时间短，滩脊规模不大，高约 30 cm。

风沙地貌——沿岸沙丘（星子沙岭）

末次冰期内的数个极端干旱期，增强的冬季风将古赣江河漫滩上的沙粒扬起，逐渐堆积成厚达数十米的沙山。目前的采沙揭露出沙山内部的沉积。

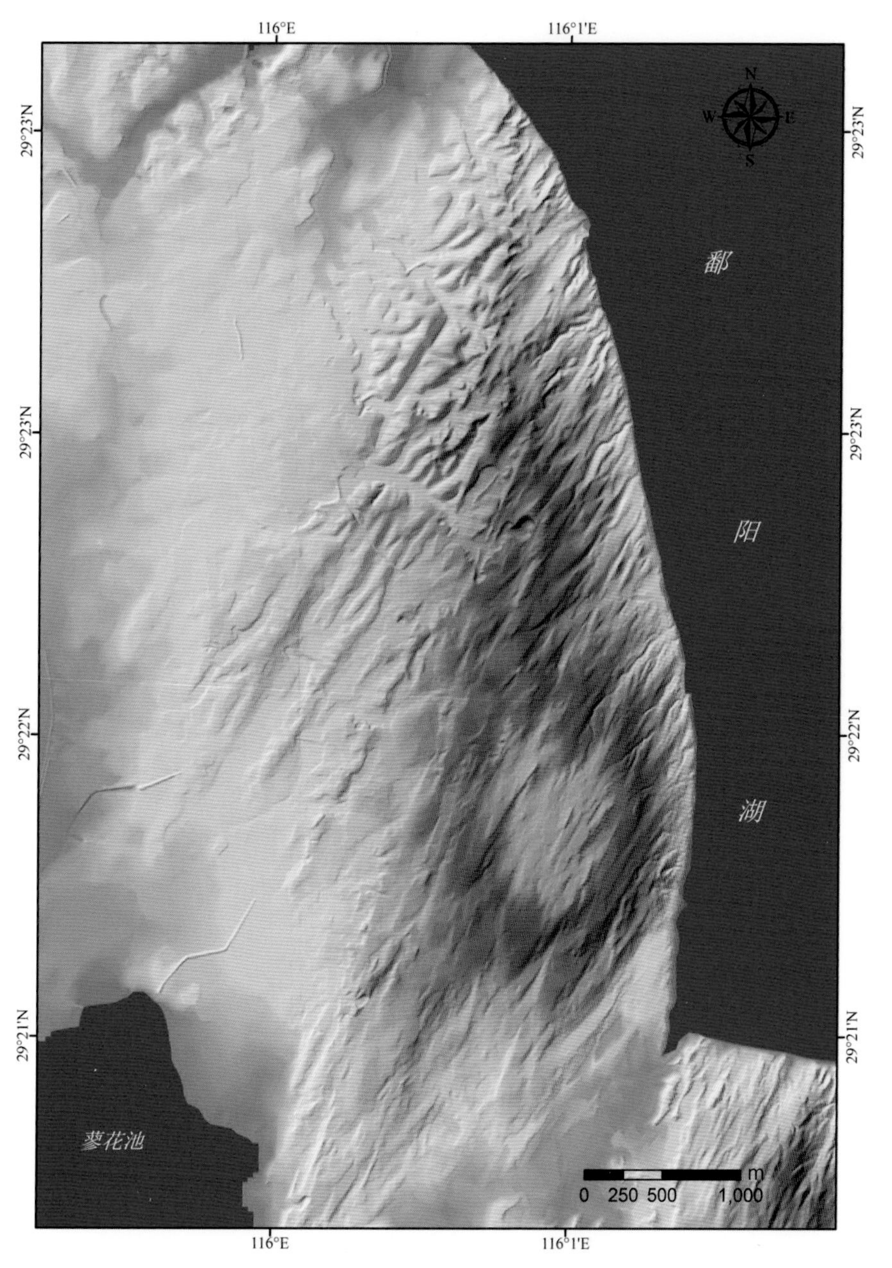

风沙地貌——星子沙山的 DEM 图（5 m 分辨率）

沙岭沙山的分布面积约 10 km²，大体呈南北向延伸，沙山的最高点 136 m，高出湖滨约 120 m。

风沙地貌——2007 年星子沙山的立体晕渲遥感影像图（波段 3 红 2 绿 1 蓝）

沙山靠湖一侧受湖浪侵蚀形成顺直的湖岸，迎风坡与山脊发育线性风蚀地貌。

风沙地貌——2014 年星子沙山遥感影像图（波段 3 红 2 绿 1 蓝）

近年来大量采沙，使得沙山面积明显减小。（数据来源于 Google Earth。）

风沙地貌——沿岸的沙丘披覆于不同时代的基岩或堆积物之上，较高的基岩则未被覆盖（老爷庙）。

风沙地貌——槽形风蚀坑（星子沙岭）

清代中期沙山上的沙生植被遭人为破坏，导致沙地活化，产生顺盛行风向延伸的槽形风蚀坑，长达 230 m，最宽处约 30 m。

风蚀坑的内部，风蚀坑中部较深、较宽，坑壁与坑底呈平滑的弧形，目前局部仍受风蚀。

风沙地貌——槽形风蚀坑（星子沙岭）

风沙地貌——碟形风蚀坑（星子沙岭）

风蚀坑宽浅，目前基本被植物覆盖，趋于稳定。

风沙地貌——风蚀垄槽（星子沙岭）

顺盛行风向延伸的风蚀垄与风蚀槽，即广义的雅丹。风蚀槽是槽形风蚀坑的基础上发育而来，相邻风蚀槽之间蚀余垄岗构成了风蚀垄，风蚀槽进一步扩大后风蚀垄将演变为风蚀残墩。

风沙地貌——风蚀残墩（星子沙岭）

清代中期沙山上的沙生植被遭人为破坏，沙山迎风坡与山脊处均出现明显的风蚀，侵蚀出外观呈流线型的垄岗，即广义的雅丹。

风沙地貌——风蚀残墩（星子沙岭）

风蚀残墩的顶部呈鱼背状，一侧的局部仍受风蚀。

第四章 气象气候

庐山海拔1473.4 m，具有典型的山地垂直气候带特征。依据活动积温，自基带向上分别跨越中亚热带、北亚热带、山地暖温带、山地温带，垂直地带性明显。

HOT
MALDIVES BEACH

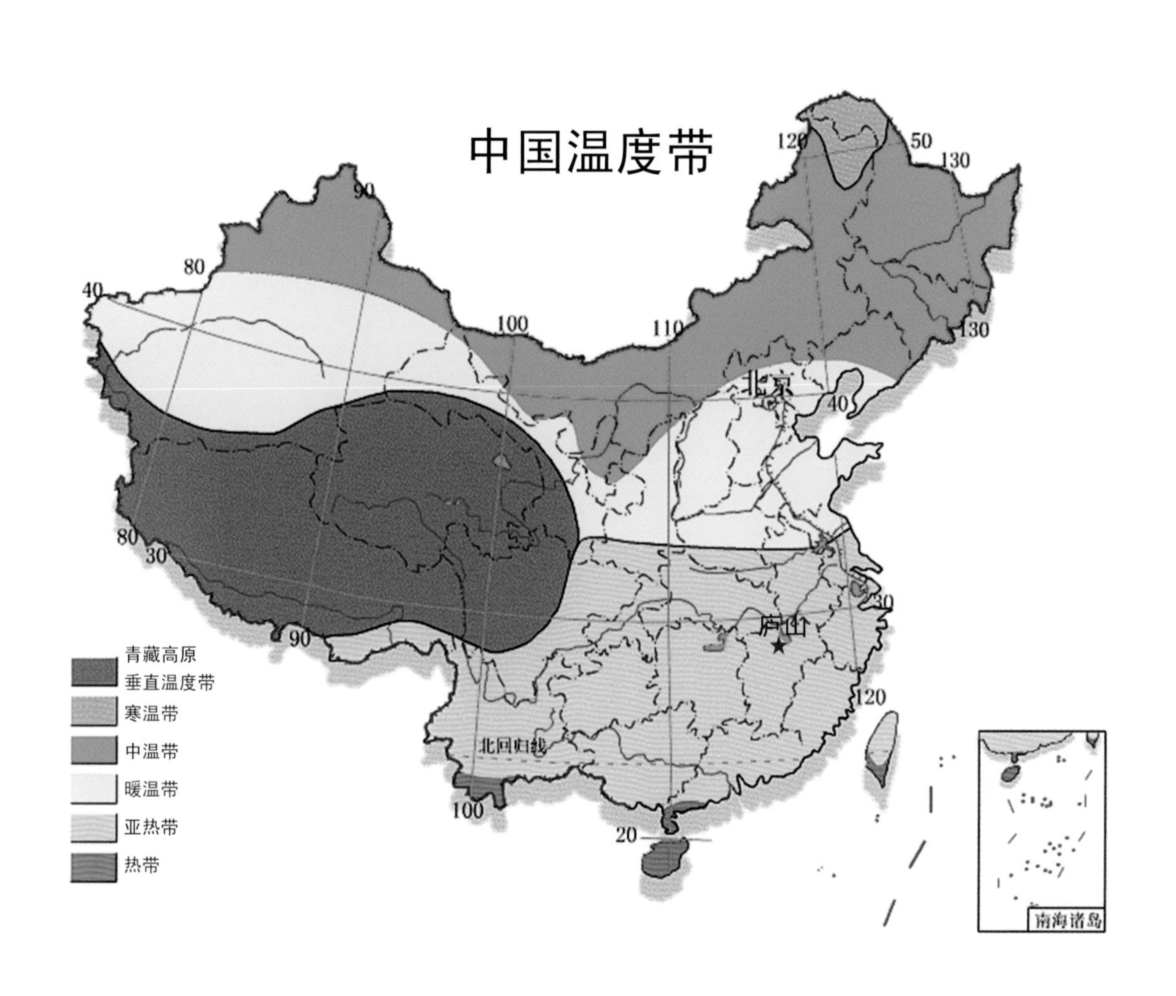
中国温度带
北京
庐山
北回归线
南海诸岛
青藏高原
垂直温度带
寒温带
中温带
暖温带
亚热带
热带

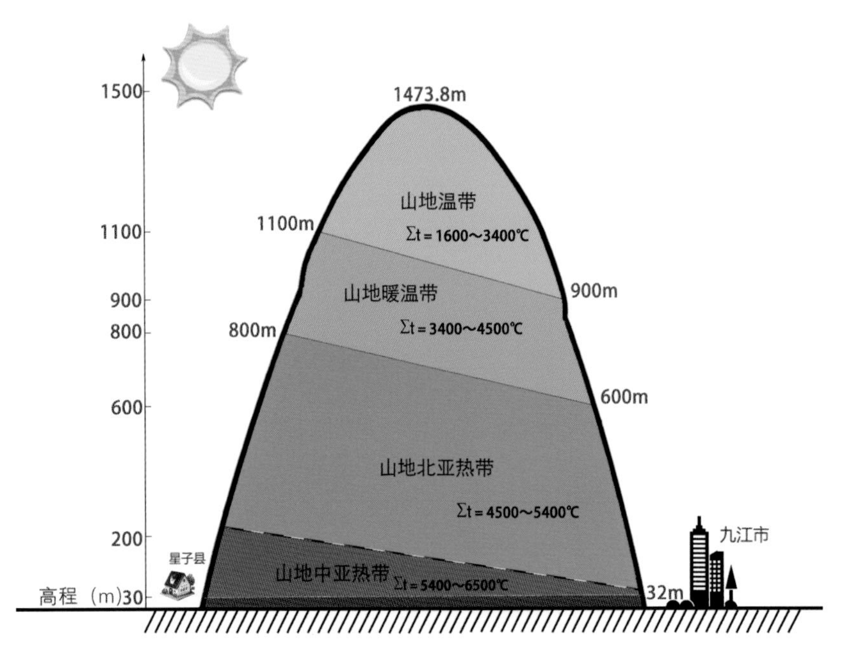

庐山山地垂直气候带示意图

庐山海拔1473.4 m，具有典型的山地垂直气候带特征。依据活动积温，自基带向上分别跨越中亚热带、北亚热带、山地暖温带、山地温带，垂直地带性明显。因庐山山体南、北坡接受太阳辐射量存在差异，因而南坡比北坡的气候带类型相应抬升约200 m。

背倚庐山，面临鄱阳湖，生态环境优良，大气质量常年保持在Ⅱ级以上，森林覆盖率达 30.7%。属亚热带季风气候区，气候温和，雨量充沛，年均降水量为 1437 mm，年平均气温 15~18℃，年平均日照数 1932 h。得益于雨热同季，主要农作物有水稻、棉花、油菜籽等，经济作物有柑橘等。

县城星子

山城牯岭

名称源于英文名“Cooling”。英国循道会传教士李德立看中了庐山的凉爽气候，自 1895 年始逐步在东谷开发别墅，成为避暑胜地。牯岭街道干净整洁，溪水潺潺，绿树成荫，遮天蔽日。上千栋欧美各种风格的别墅、教堂、宾馆、饭店，错落有致地分布在绿叶丛中，与周围环境十分和谐，有“东方瑞士”之称。

江城九江

地处亚热带季风气候区，年平均气温 16~17℃，年降雨量 1300~1600 mm，年无霜期 239~266 天，年平均雾日在 16 天以下。九江分别与长江、鄱阳湖、庐山紧领，依山傍水，襟江带湖，农业气候资源丰富，是“三大茶市”和“四大米市”之一，为江南地区的“鱼米之乡”。

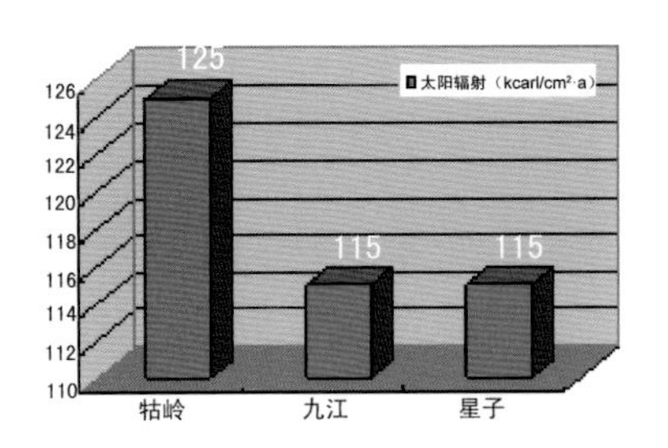

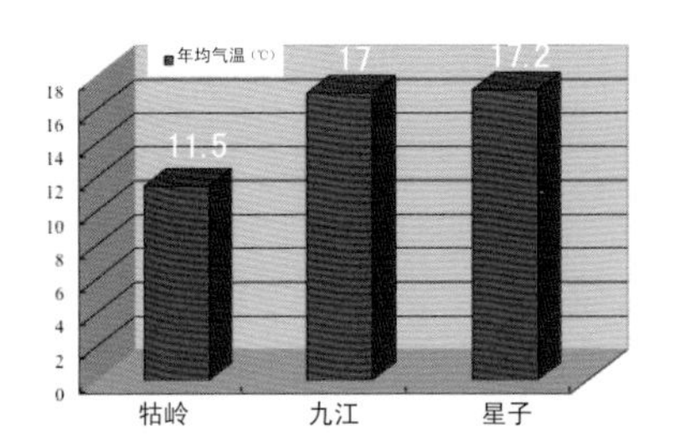

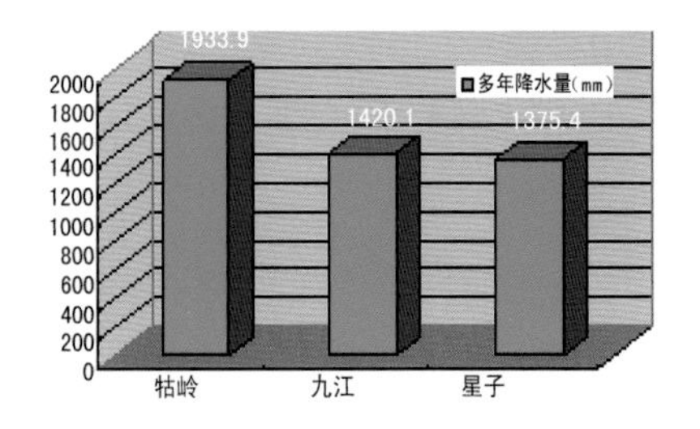

牯岭、九江、星子多年太阳辐射、月均气温及降水比较

气温和降水是描述气候特征的两个主要指标。在庐山地区，虽然山上的太阳辐射值高于山下，但年均气温比山下的星子和九江均低 6℃左右。由于山地抬升的影响，空气逐渐稀薄，热量保持能力下降，因而温度随高度的上升而降低。又由于地形抬升的影响，易形成地形雨，故雨量高于山下。

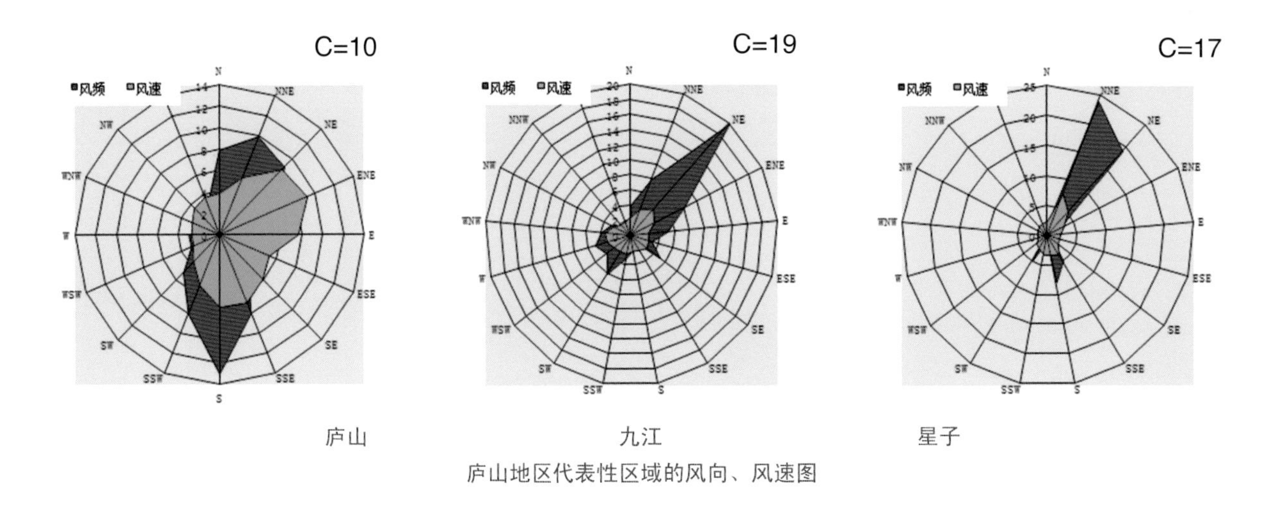

庐山地区代表性区域的风向、风速图

庐山地区北临北东向的长江河谷，受北东向瓶颈状地形的影响，易产生狭管效应，经过潘阳湖湖面，风速再次加大。因而星子县长年盛行 NNE、NE 风向，九江盛行 NE 风向。而平原之上突兀隆起的庐山山体使运动气流被迫动力抬升，气流流线较山下密集，造成牯岭风带分别比山下九江、星子大，大风天多。随着山体海拔高度的增加，气温降低，有利于水汽凝结，从而在庐山山体中部和上部形成壮观的云海和云雾。牯岭镇每年有雾日数多达 188 天，是山下星子与九江的 23.5~47 倍。

庐山气象资源　　雾凇

庐山海拔高、气温低，但降水量非常丰富，年均降水量约 1934 mm。庐山（牯岭镇）年平均气温（11.5℃）与北京基本一致，但因水汽充足，冬季气温骤降时易形成雨凇或雾凇。阳光之下，远远望去，满树银挂，蔚为壮观，形成与夏天满目苍翠截然不同的气象景观。（本图片来自网络）

汉阳峰下的大片茶园

在云雾线上，长年空气湿度大，雾气蒸腾，林木茂密，此处生长的茶树所产茶叶即为独特的“庐山云雾茶”，素有“色香幽细比兰花”之喻。庐山云雾茶树叶生长期长，茶生物碱、维生素 C 的含量都高于一般茶叶，主要是得益于庐山丰富的云雾资源。

小天池日出

小天池海拔 1213 m，是庐山第八高峰，得名于一口久旱不涸、久雨不溢的山顶水池。小天池西侧悬崖上建有一亭，名为“天池亭”，是朝观日出、暮观晚霞和欣赏云海的最佳地方之一。

庐山海拔高、气温低，最大降水高度约 1300 m，年平均降水量（1934 mm）比山下高约 500 mm，多于年平均蒸发量（1018 mm）。

云雾中的芦林湖

庐山因大气降水导致气温偏低，有利于水汽凝结，易形成云海与云雾。牯岭镇每年有雾日数多达半年，是山下星子与九江的 23~47 倍。

云雾中的东谷

庐山上部观赏云海的最佳之地为山地垭口，如喇嘛塔、仙人洞、含鄱口等处。当云雾天气在庐山出现时，在云雾线以下的山下平原地区，是阴雨天气或者云雾缭绕悬浮在半山腰；而在庐山山顶，游览者则可看到波浪翻滚的云海奇观；当潮湿气流到达山顶时，则会在山上的谷地中出现雾气缭绕、无雨也滴答的雾雨天。

云雾（五老峰附近）

云雾悬浮在庐山的半山腰，山下被阴云笼罩，1000 m 以上则突兀于云雾层之上，可见云海奇观。

云海（仰天坪附近）

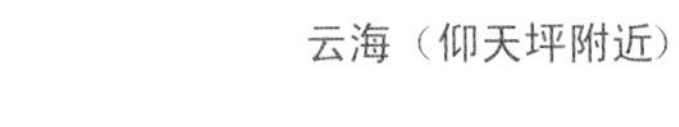

有时运动速度快的云雾越过山脊后下滑形成云瀑布。

谷地小气候（黄龙寺）

受特殊地形影响，庐山还有一些典型的小气候现象。黄龙寺海拔约 900 m，本属山地暖温带，但由于谷地呈围椅状，构成一个半封闭的山间盆地，谷地中的热量与水汽呈汇聚之势，形成气温偏高、湿度偏大的北亚热带气候。

山地温带（大校场），海拔约 1200 m。

鄱阳湖地区遥感影像图（波段 3 红 2 绿 1 蓝，数据来源于 Google Earth）

庐山北面是北东向的长江河谷，偏北气流没有地形的阻挡，至鄱阳湖时，受北东向瓶颈状地形的影响，产生狭管效应，风速加大，加之湖面摩擦系数小，风速在湖面上再次增大。沿湖沙山为全省风洞，是江西第一个风力发电实验区。

沙山小气候（星子沙岭）

按多年积温，该区域属中亚热带气候，且紧邻潘阳湖，本应雨量丰富。但因地形的影响，导致湖沙在此辐聚，近地面气温增高，湿度减小，形成了类似我国中西部干旱地区的沙地、沙山景观。

山地暖温带（裁缝岭），海拔约 1000 m。

中亚热带气候（星子蓼花镇），海拔约 20 m。雨热同季，冬季是气温低、降水少的干冷天气，夏季是气温高、降水多的湿热天气。

第五章 植被与植物

庐山地区植被类型多样，主要有阔叶林、针叶林、针阔混交林、竹林、竹阔混交林、灌丛、草丛及草甸植被等多个植被型组。

NIKE
srobots

第五章 植被与植物

Chapter 5 Vegetation And Plants

黄山松林

庐山地区海拔 800 m 以上，区域包括最高峰汉阳峰均有大片分布。黄山松为阳性植物，是我国更是庐山重要的造林树种之一。

日本扁柏林

庐山地区主要的山体绿化树种之一，主要分布于海拔 1000~1200 m 范围山地。该树种有一定耐阴性，也因此目前多种植于背阴坡。

日本柳杉林

庐山地区海拔 900~1100 m 区域范围有片状分布，或与其他树种组成混交林。图中为分布于大月山坡角的日本柳杉林。

杉木林

从山麓到海拔 800 m 左右均有分布，为阳性植物，是庐山地区重要造林树种之一。图中为分布于东谷、芦林大坝下方的杉木林。

针叶林

庐山地区山体大部分为针叶林覆盖。图中针叶林分布于东谷、芦林大坝下方，照片中黄山松、日本柳杉、日本扁柏、美国香柏等各自或混合形成斑块，此外图片正前方偏左还有一片阔叶林夹杂其中。

针阔混交林

庐山地区同样分布有不同针叶树和阔叶树组成的不同类型的针阔混交林。图中主要显示铁船峰黄山松和落叶阔叶树组成的针阔混交林。

针阔混交林林内景观

图中为分布于庐山白鹿书院附近主要由马尾松和壳斗科常绿种类组成的混交林。

落叶阔叶林

庐山地区地带性植被类型之一，大致分布在海拔1000~1300 m之间的山地。

毛竹林

为庐山地区常见植被类型之一，从山麓到海拔 1100 m 左右均有分布。毛竹尤其适宜生长在土层深厚、水分适中的偏酸性土壤。

茶园

茶为亚热带地区重要经济植物，庐山地区茶园从山麓到海拔 1200 m 左右的仰天坪均有间断分布。庐山云雾茶是传统名茶之一。

湿地松 *Pinus elliottii* 林

在星子沙山有大片种植。该树种为速生常绿乔木，原产于北美东南沿海、古巴、中美洲等地，喜生于海拔 150~500 m 的潮湿土壤。有良好的适应性和抗逆力，既抗旱又耐涝、耐瘠。同时它还是很好的经济树种。

单叶蔓荆群落与湿地松群落

该植被类型分布于庐山市星子沙山。单叶蔓荆群落与湿地松均为防治流动沙丘蔓延而人工选择的治沙先锋物种。

黄山松 *Pinus taiwanensis*

松科松属常绿乔木，树皮灰褐色，块状脱落，针叶 2 针一束，通常 7~10 cm 长，松针通常深绿较硬，枝条与主杆基本成直角。球果卵圆形，长 3~5 cm。

杉木 *Cunninghamia lanceolata*

杉科杉木属常绿乔木，为我国重要造林树种之一。树皮灰褐色，长条裂，叶在主枝上辐射伸展，侧枝之叶基部扭转成二列状，披针形或条状披针形，通常微弯、呈镰状，球果卵圆形。

日本扁柏 *Chamaecyparis obtusa*

柏科扁柏属常绿乔木，树皮红褐色，开裂或不规则薄片脱落，鳞叶小，绿色。球果球形，上有多个凸起。庐山海拔 1000 m 以上山体有大片种植。

日本冷杉 *Abies firma*

松科冷杉属常绿乔木，树皮鳞片状开裂，小枝淡黄色，叶线形，长 1.5~3.5 cm，先端微凹，背面有两条灰白色气孔带。球果圆柱状或圆柱状卵形。原产日本，庐山植物园及牯岭等地多有种植。

美国香柏 *Thuja occidentalis*

柏科崖柏属常绿乔木，树皮红褐色或灰褐色，开裂或不规则薄片脱落，麟叶顶端钝尖，绿色，有光泽。球果长椭圆形，园林绿化树种。庐山山体和街道等均有种植。

三尖杉 *Cephalotaxus fortunei*

三尖杉科三尖杉属常绿乔木，叶螺旋状排成 2 列，线状披针形，种子绿色，核果状。亚热带特有植物，庐山多夹杂分布于海拔 1100 m的林中。

茅栗 *Castanea seguinii*

壳斗科栗属落叶乔木，叶革质有齿，刺状总苞内通常有坚果 3 个。庐山地区主要分布在海拔 900~1400 m 范围，为庐山地区垂直地带性植被——落叶阔叶林和常绿与落叶阔叶混交林的重要建群种之一。

短柄枹 *Quercus glandulifera*

壳斗科栎属落叶乔木，叶革质、有钝齿，多集中在顶端，叶柄短，壳斗纹饰鳞片状，包坚果 1/2~1/3 左右。庐山地区主要分布在海拔 900~1400 m 林中。也为庐山地区垂直地带性植被——落叶阔叶林和常绿与落叶阔叶混交林的重要建群种之一。

金钱松 *Pseudolarix amabilis*

松科金钱松属落叶乔木，枝条有长短枝之分，短枝节距一般只1~2 mm，似铜钱相叠。叶线性、柔软，通常3~7 cm，较细而刚硬，叶在短枝上轮状平展簇生，在长枝上稀疏、螺旋状互生。球果卵形，直立，长6~8 cm。庐山地区海拔900 m以上有零星分布和种植。为著名的古老残遗植物和园林绿化树种。

青冈栎 *Cyclobalanopsis glauca*

壳斗科青冈栎属常绿乔木，叶缘 1/2 以上有锯齿，壳斗同心环状约包裹坚果 1/3，树皮不裂。庐山地区可分布到海拔 1000 m 左右。为庐山地区垂直地带性植被——常绿与落叶阔叶混交林以及基带常绿阔叶林的重要建群种。

甜槠 *Castanopsis eyrei*

壳斗科槠属常绿乔木，叶基两侧不对称，树皮条裂。庐山地区主要分布于海拔 600~900 m。为庐山地区垂直地带性植被——常绿与落叶阔叶混交林的重要建群种。

青栲 *Cyclobalanopsis myrsinaefolia*

壳斗科青冈栎属常绿乔木，叶片 2/3 以上有锯齿。壳斗同心环状约包裹坚果 1/3，庐山地区主要伴生于海拔 700~900 m 的林中。

苦槠 *Castanopsis sclerophylla*

壳斗科槠属常绿乔木，叶革质，1/3处以上有锯齿，叶背有金属光泽，嫩枝菱形、光滑，壳斗全包，小坚果，果串短，树皮浅纵裂。庐山地区主要分布于海拔 500 m 以下。为庐山地区地带性植被——常绿阔叶林的重要建群种。

石栎 *Lithocarpus glaber*

壳斗科石栎属常绿乔木，叶基本全缘，嫩枝锈色毛多，成串果，壳斗包裹坚果 1/3~1/4，雄花序直立。庐山地区主要分布于海拔 400 m 以下。为庐山地区基带地带性植被常绿阔叶林的一个重要建群种。

大叶栲 *Castanopsis megaphylla*

壳斗科槠属，常绿乔木，叶通常薄而大，平展，叶背银灰色金属光泽，嫩枝具浅褐色毛，芽锈色，壳斗全包，坚果，果串长，果小，树皮浅纵裂。庐山地区主要分布于海拔 500 m 以下。为庐山地区地带性植被常绿阔叶林的重要建群种。

云青冈栎 *Cyclobalanopsis nubium*

壳斗科青冈栎属常绿乔木，叶全缘，壳斗同心环状约包裹坚果 1/2，树皮不裂。庐山地区主要伴生于海拔 700~900 m 的森林中。

红茴香 *Illicium henryi*

八角科八角属常绿植物，全株植物体有浓郁香气，叶肉质全缘，果实通常 8~9 角。庐山偶见于海拔 900 m 左右林中。

钓樟 *Lindera umbellata*

樟科山胡椒属落叶小乔木或灌木，叶纸质、全缘、椭圆状披针形，核果球形，成熟黑色。庐山地区主要分布在海拔 900~1300 m 林中。

山苍子 *Litsea cubeba*

樟科木姜子属落叶乔木或灌木，小枝细长、黄绿色，叶纸质、全缘、长椭圆状披针形，果实球形、油点明显，全株植物体香气浓郁。庐山地区主要分布在海拔 900~1400 m 的林中。

山胡椒 *Lindera glauca*

樟科山胡椒属落叶小乔木或灌木，小枝黄褐色，叶椭圆形，背面苍白色，密生细柔毛，核果球形，成熟黑色。植物体香气浓郁。庐山地区主要分布在海拔 900~1400 m 林中。

天竺桂 *Cinnamomum japonicum*

樟科樟属常绿小乔木，叶近对生或在枝条上部者互生，离基三出脉。庐山地区伴生于海拔 600~800 m 林中。

樟科樟属常绿乔木，枝、叶及木材均有樟脑味。叶全缘、互生、薄革质、两面无毛，具离基三出脉，脉腋有明显突起，有羽状脉并存；浆果近球形，树皮不规则纵裂。庐山地区分布于海拔 600 m 以下。

香樟 *Cinnamomum camphora*

细叶香桂 *Cinnamomum subavenium*

樟科樟属常绿小乔木，叶互生或近对生，三出脉明显。庐山地区伴生于海拔 600~800 m 林中。

豺皮樟 *Litsea coreana*

樟科木姜子属常绿乔木，幼枝红褐色，老枝黑褐色。叶互生，叶片革质，树皮呈小鳞片状剥落。庐山地区伴生于海拔 1000 m 以下林中。

天台乌药 *Lindera strychnifolia*

樟科山胡椒属常绿灌木，小枝有柔毛，叶全缘，有光泽，基部 3 出脉，浆果状核果。庐山地区海拔 900 m 以下有分布。

油茶 *Camellia oleifera*

山茶科山茶属常绿灌木，叶肉革质，有光泽，背面淡绿色，边缘有齿，果实球形。为亚热带重要木本油料植物，阳性植物，适宜偏酸性土壤，庐山地区低海拔区域有种植。

茶 *Camellia sinensis*

山茶科山茶属常绿灌木，叶薄革质，边缘有齿，蒴果。为重要木本饮料植物。庐山地区种植高度达到海拔 1200 m 左右。庐山云雾茶为传统名茶之一。

山茶科厚皮香属常绿小乔木，叶肉质，叶柄常红色。庐山地区主要伴生于海拔 600~1000 m 林下。

厚皮香 *Ternstroemia gymnanthera*

杨桐 *Cleyera japonica*

山茶科杨桐属常绿小乔木，叶肉质全缘，顶芽大而扁平，浆果球形。庐山地区伴生于海拔 900 m 以下林中。

柃木 *Eurya japonica*

山茶科柃属常绿灌木，叶介于肉质与革质间，椭圆形，有光泽，背面淡绿色，边缘有浅细齿。果实圆球形，成熟时紫黑色，直径 4~5 mm。庐山可分布到海拔 1200 m 左右林中。

四照花 *Cornus japonica*

四照花科四照花属落叶乔木，叶纸质对生，叶脉弧形，聚合果果径一般 1~3 cm，成熟红色，可食。为庐山常见种，主要分布于海拔 900~1300 m 林中。

灯台树 *Cornus controversa*

四照花科四照花属落叶乔木，叶纸质互生，叶脉弧形，核果一般 0.6~0.7 cm，成熟蓝黑色。为庐山常见种，主要分布在海拔 900~1300 m 林中。

山杜英 *Elaeocarpus sylvestris*

别名胆八树，杜英科杜英属常绿乔木，叶薄质，植株上常有零星红叶点缀，核果椭圆形。庐山地区主要分布于南坡 200 m 以下向阳谷地。

天目紫茎 *Stewartia sinensis*

山茶科紫茎属落叶乔木，叶纸质，蒴果卵形，顶端喙状。树皮黄棕色、平滑有光，奇特。为国家Ⅱ级保护树种。庐山偶见。

盐肤木 *Rhus chinensis*

漆树科盐肤木属落叶乔木，单数羽状复叶，小叶 7~13 片，叶轴和叶柄常有狭翅，小叶无柄。圆锥花序顶生，核果扁圆形，红色。庐山地区分布广。

野鸦椿 *Euscaphis japonica*

省沽油科野鸦椿属落叶乔木，枝叶揉搓后有臭味，复叶，小叶 7~11 片，小叶对生，叶柄基部常发红，果红色，成熟开裂，种子黑色扁球形。庐山地区林中时有伴生，秋季果实醒目。

化香 *Platycarya strobilacea*

胡桃科化香属落叶乔木，羽状复叶薄革质，球果长椭咽圆形，当年绿色，翌年暗褐色；庐山地区海拔 800 m 以上林中伴生种。

香果树 *Emmenopterys henryi*

茜草科香果树属落叶乔木，叶大、对生，叶柄常发红，花大醒目，淡黄色，果实长椭圆形。特产于中国，庐山黄龙寺等地有分布。

凹叶厚朴 *Magnolia officinalis ssp. biloba*

木兰科木兰属落叶乔木，叶大，倒卵形，顶端凹，蓇葖果。庐山地区不同海拔高度林中时有伴生。

川榛 *Corylus heterophylla*

桦木科榛属落叶灌木，叶圆卵形至宽倒卵形，叶缘有不规则重锯齿。果通常1~3 个簇生，果苞叶状钟形包围扁球形坚果，上部裂片常有齿牙，坚果扁球形。庐山黄龙寺等地海拔 700~900 m 有分布。

青榨槭 *Acer davidii*

槭树科槭树属落叶乔木，树皮、小枝绿色，叶对生不裂，翅果。庐山中上部林中多有伴生分布。

石灰花楸 *Sorbus folgneri*

别名石灰树，蔷薇科花楸属落叶乔木，叶卵形，叶缘有齿，叶背灰白色。为庐山海拔 800 m 以上常见种。

白辛树 *Pterostyrax psilophyllus*

野茉莉科白辛树属落叶乔木，叶全缘、互生，弧形叶脉，核果近纺锤形，通常有 5~10 棱。多伴生于庐山海拔 900~1300 m 林中。

紫弹树 *Celtis biondii*

榆科朴属落叶乔木。树皮暗灰色；叶薄革质，微糙。核果成熟黄色至橘红色，近球形。适应力较强。

北五味子 *Schisandra chinensis*

木兰科五味子属落叶木质藤本，枝细长红褐色，有皮孔。叶卵状披针形，浆果近球形，长 6~9 mm，红色肉质，可食。庐山地区王家坡谷地溪边杂木林中有分布。

油桐 *Vernicia fordii*

大戟科油桐属落叶乔木，叶大、基部心形，果实近球形。原产我国长江流域各省，庐山山下有分布。为我国特用木本油料树种，所榨出的桐油是油漆和涂料工业的重要原料。

构树 *Broussonetia papyrifera*

桑科构属落叶乔木，叶不裂或 3~5 裂，果成熟时橙红色，肉质全株含乳汁。为强阳性树种，适应性和抗逆性强，分布广，多分布于荒山或林缘等空旷地。

乌桕 *Sapium sebiferum*

大戟科乌桕属落叶乔木，叶全缘、菱形，叶基部两侧有小突起，果实梨状圆球形。庐山地区山下分布，为色叶树种和特有的经济树种。

白檀 *Symplocos paniculata*

山矾科山矾属落叶小乔木或灌木，叶纸质粗糙，边缘有细齿，中脉在表面凹下，花白色芳香，核果成熟时蓝黑色，斜卵状球形。为庐山地区常见种。

喜树 *Camptotheca acuminata*

紫树科喜树属落叶乔木，叶全缘，叶脉突出于背面，翅果矩圆形，着生成近球形的头状果序。庐山山下星子等地多有种植。

猕猴桃 *Actinidia chinensis*

猕猴桃科猕猴桃属木质藤本植物，叶纸质，果多为椭圆状，早期外观呈绿褐色，成熟后呈红褐色，表皮覆盖浓密绒毛。是一种营养丰富，风味鲜美的水果。原产中国，庐山有野生分布，也有栽培。

满山红 *Rhododendron mariesii*

杜鹃花科杜鹃花属落叶灌木，上部小枝常轮生，叶 2~3 片丛生枝端，叶全缘、宽卵形、基部钝圆，花深紫色，1~3 朵簇生枝端，蒴果圆柱形，有长柔毛。庐山地区海拔 800 m 以上常见，为酸性土指示植物。

映山红 *Rhododendron simsii*

杜鹃花科杜鹃花属落叶灌木，小枝、叶片常有柔毛，叶纸质、全缘，花红色，2~6 朵簇生枝端，蒴果卵圆形，有糙伏毛。庐山地区海拔 800 m 以上常见，为酸性土指示植物。

马银花 *Rhododendron ovatum*

杜鹃花科杜鹃花属常绿灌木，叶革质、全缘，花紫白色单生于枝端叶腋，蒴果卵圆形。庐山地区海拔 800 m 以下林中分布，为酸性土指示植物。

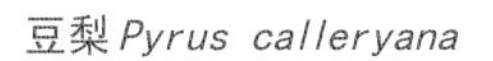

豆梨 *Pyrus calleryana*

蔷薇科梨属落叶灌木，叶卵形，边缘有细钝锯齿，两面无毛。梨果近球形，直径 1~1.5 cm，褐色，有斑点。庐山海拔 1000 m 以上大月山等地有分布。

湖北山楂 *Crataegus hupehensis*

蔷薇科山楂属落叶灌木，叶上部常有 2~4 对浅裂片，裂片卵形，边缘有圆钝齿，梨果近球形，外有斑点。庐山地区有分布。

檵木 *Loropetalum chinensis*

金缕梅科木属常绿灌木，叶全缘、有毛，叶背粗糙，小枝有锈色星状毛。蒴果褐色，近卵形，毛多。为庐山地区海拔 1000 m 以下林中灌木层主要种类之一。

美丽胡枝子 *Lespedeza formosa*

豆科胡枝子属落叶灌木，幼枝有毛，3 小叶，背面密生短柔毛，总状花序腋生、单生或数个排成圆锥状，花冠紫红色，荚果。庐山地区山坡丛林下或路旁旷野常见。

湖北算盘子 *Glochidion wilsonii*

大戟科算盘子属落叶乔木或灌木，纸质叶披针形或斜披针形，蒴果扁球状，边缘有多条纵沟，似算盘子。庐山地区常见种。

单叶蔓荆 *Vitex trifolia*

马鞭草科牡荆属落叶灌木，枝四方形，有细柔毛，单叶对生，叶片全缘，表面绿色，背面灰白色。花序生在枝条顶端，花淡紫色，果实球形。匍匐茎上不定根明显，鄱阳湖湖滨沙山等地有成片种植。是当地成效明显的治沙植物。

狗牙根 *Cynodon dactylon*

禾本科狗牙根属多年生草本，有根茎和匍匐茎，叶片线形，互生，下部因节间缩短似对生，穗状花序指状着生秆顶。匍匐茎常有不定根，适应性强。鄱阳湖滨沙山有种植，用于治理沙丘。

黄花蒿 *Artemisia annua*

菊科蒿属一年生草本植物，植株有浓烈的辛臭。根单生、垂直、狭纺锤形，茎有纵棱，叶纸质，头状花序球形，广泛种。为提取青蒿素主要原料植物。

紫萁 *Osmunda japonica*

蕨类，紫萁科紫萁属草本植物，叶簇生，2回羽状复叶，羽片3~5对，以关节和叶轴相连，小羽叶5~8对。庐山地区海拔900 m以上林下有分布，适宜阴湿生境，为酸性土指示植物。

铁芒萁 *Dicranopteris dichotoma*

蕨类，里白科芒箕属草本植物。叶轴有5~8回两歧分枝，末回羽片较狭小。庐山地区低海拔疏林林缘或空地常有分布，为中亚热带酸性土指示植物。具有水土保持及改良土壤的功效，也是森林火灾后可以急速复原的草本植物。

朱砂根 *Ardisia crenata*

紫金牛科朱砂根属常绿矮小灌木，叶长卵形，边缘有钝齿，核果圆球形，如豌豆大小，开始淡绿色，成熟时鲜红色，经久不落，甚美观。庐山地区白鹿书院附近林中有分布，一定程度指示林内湿热环境。

鸭跖草 *Commelina communis*

鸭跖草科鸭跖草属一年生草本，适应性强，野外常见，在全光照或半阴环境下都能生长。常见生于湿地，对土壤要求不严，耐旱性较强。

第六章 土壤

庐山基带的地带性土壤是红壤和黄壤，因相对高度只有 1400 m 左右，土壤的垂直结构比较简单。自山麓至山顶，依次分布着红壤和黄壤、山地黄壤、山地黄棕壤和山地棕壤。

第六章 土　壤

Chapter 6　Soil

一、土壤剖面和植被景观图片

山地棕壤剖面

山地棕壤植被景观

剖面样点位于大月山西北坡（115.9849° E，29.5620° N），海拔 1293 m。

山地棕壤分布于海拔 1200 m 以上的山地，气候为山地温带，植被为落叶阔叶林或次生针叶林，母质主要为砂岩、板岩的坡积物和残积物，局部地区以风积物为主。山地棕壤的主要特点是：有机质含量较高；粘粒下移现象不甚明显；由于山地降水较多，物质有一定的淋溶，土壤呈酸性反应；代换性酸比红壤、黄壤和山地黄棕壤等低。

山地黄棕壤剖面

山地黄壤植被景观

剖面样点位于如琴湖大坝东北角山坡上（115.9649° E，29.5694° N），海拔 1097 m。

山地黄棕壤分布于海拔 800~1200 m 地带的各种母质上，气候为山地暖温带，温暖湿润，植被为常绿、落叶阔叶混交林。山地黄棕壤的主要特点：有机质含量较高；全氮含量也比红、黄壤高；原生矿物的分解与次生矿物的合成作用有一定强度，粉砂粒含量较高，粘粒含量不及山地黄壤明显。土壤剖面呈较强的酸性反应，土壤酸度以活性铝为主。

山地黄壤剖面

山地黄壤植被景观

剖面样点位于黄龙寺附近（115.9622° E，29.5517° N），海拔 911 m。

山地黄壤分布在海拔 400~900 m 地带上，以水电站、黄龙寺至庐林大桥一带为典型。气候为中亚热带气候，植被类型为常绿阔叶林。山地黄壤的基本特征：岩石风化强烈，原生矿物（铝硅酸盐）遭受破坏，产生游离的硅、铁、铝的氧化物，其氧化铁与氧化铝与水结合，形成含水的铁、铝氧化物，使土壤呈现黄色。山地黄壤有机质含量高于地带性黄壤，阳离子交换量较低，土壤呈酸性反应。

红壤剖面

山地黄壤植被景观

剖面样点位于白鹿洞书院附近（116.0354° E，29.5209° N），海拔 117 m。

红壤广泛分布于海拔 400 m 以下的山麓地带，气候为亚热带气候，植被为常绿阔叶林、马尾松林以及灌丛草本。成土母质主要为花岗岩、片麻岩、石英砂岩等残积和残坡积物。红壤的主要特征 脱硅、富铝化过程作用强烈，盐基流失，铝、铁、锰、钛等元素却在碱性风化液中发生沉淀，滞留于土层之中而发生残留聚积或富集。土壤各层次间质地相当均匀。红壤的有机质含量低，表层在 1.5% 以下。土壤的阳离子交换量低，呈强酸性反应，土壤酸度主要由活性铝引起。

采样样点位于东林寺附近的水稻田（115.9346° E，29.6127° N），海拔 63 m。

水稻土在庐山的山麓、岗丘和江、湖冲积平原均有分布。本区水稻土主要为岗丘上的红壤、网纹红土发育而成。水稻土是自然土壤经长期种植水稻，水耕熟化形成的一种具有氧化还原交替特点的耕作土壤。水稻土的主要特征：人为耕作有机质含量增高，但组分变简单。季节性灌溉，改变了土壤水热状况，氧化和还原过程周期性交替出现，淹水条件下氧化铁和锰被还原，向下淋溶，导致耕作层的铁锰减少，并氧化淀积于底层。

水稻土剖面

水稻土植被景观

二、土壤实习过程图片

土壤剖面挖掘与层次划分

土壤样品采集

土壤颜色识别

土壤 pH 测定前处理

土壤 pH 值测定

土壤野外综合实验

土壤质地判断

土壤实习野外记录

第七章 水文水资源

庐山断裂显著，切割破碎，河溪发达，呈辐射状流入长江、鄱阳湖中。河溪瀑潭与涌出地面的泉水、天然塘池、人工湖库等构成了纵横交错的庐山水系网。

School
TO.BE

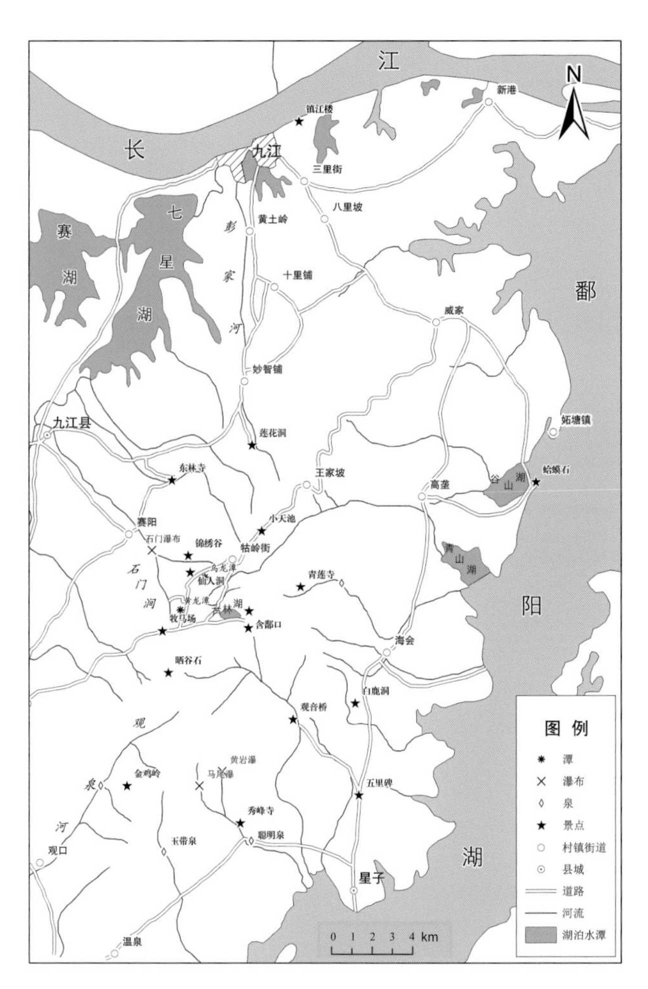

庐山地区水系图

大月山水库——位于大校场次成谷内，由三面筑坝而形成。

水库面积约 1.2 万 m^2，控制流域面积约 0.1 km^2，库容 4.5×10^4 m^3。

芦林湖——玉屏峰与星洲峰之间筑坝形成的人工湖

芦林湖水库面积约 6.8 万 m^2，控制流域面积 2.01 km^2，最大库容 1.13×10^6 m^3，死库容 4.54×10^5 m^3，正常蓄水位 990 m。大坝为浆砌石重力坝，1955 年投入运行。

如琴湖——在天桥附近建坝形成的人工湖

如琴湖建于 1961 年，水库面积约 6.5 万 m^2，蓄水量 100 万 m^3。如琴湖曾经因为污水排放导致富营化。2004 年 10 月，如琴湖污水处理厂投入使用，日处理能力达 3000 t，开始分担牯岭镇上的排污压力，湖水水质趋于好转。

将军河水库——位于石门涧与将军河的汇合处

水库面积约 1.9 万 m^2，控制流域面积 8.5 km^2。库容 54 万 m^3，1954 始建，1955 年建成，1958 年正式发电。大坝高 36 m，长 120 m，宽 12 m，是典型的重力坝。

仰天坪水库

仰天坪水库坐落于庐山风景名胜区仰天坪牛头山支谷，坝址控制流域面积 $0.35\ km^2$，水库总库容 $21.2\times10^4\ m^3$。水库于 1993 年 5 月动工兴建，1995 年 10 月基本完工蓄水运行。

莲花台水库

莲花台水库水库面积约 5 万 m^2，控制流域面积 2.08 km^2，最大库容 9.17×10^5 m^3，死库容 4.85×10^4 m^3，正常蓄水位 991 m。大坝为细石混凝土砌块石重力坝。

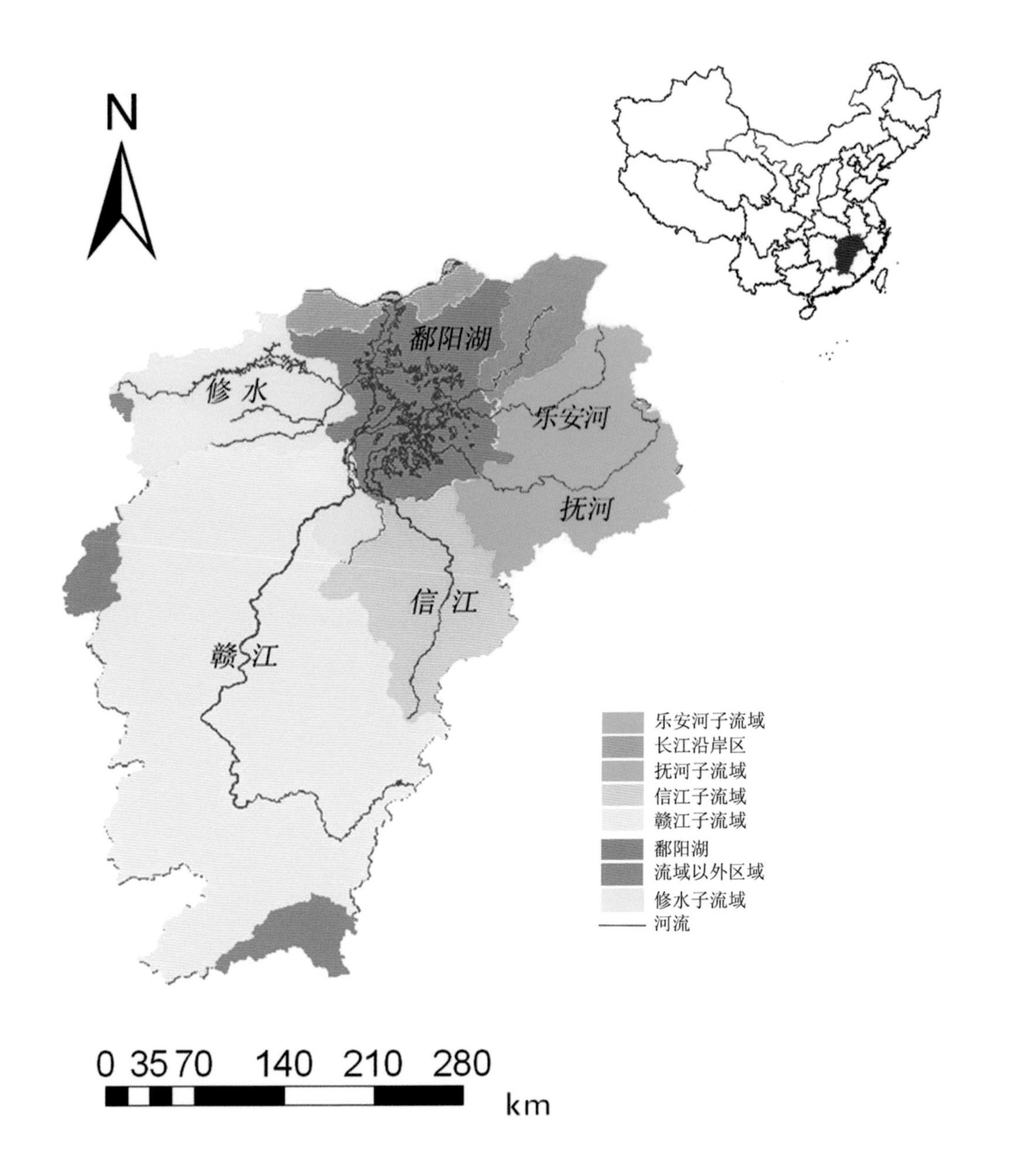

鄱阳湖——流域面积为 16.2225×10^4 km^2，纳赣江、抚河、信江、饶河和修水五水系以及博阳河、东河和西河诸河来水，经鄱阳湖调蓄后由湖口汇入长江，平均每年入江水量约 1400×10^8 m^3，占长江入海量的 15% 左右，流域内年平均径流深 887 mm，径流系数为 0.55。

鄱阳湖——高水是湖，低水似河，洪水一片，枯水一线

高程 22 m（吴淞基面，下同）时，湖面面积为 3993 km^2，容积为 296×10^8 m^3。高程 11 m 时，湖面面积仅 340 km^2，容积仅 7×10^8 m^3。

鄱阳湖湿地

鄱阳湖低潮时水深不超过 6 m 的水域，是一种介于陆地生态系统和湿地生态系统的过渡生态系统。当水量减少以至干涸时，该湿地生态系统演潜为陆地生态系统；当水量增加时，该系统又演化为湿地生态系统。

大天池

小天池

庐山是一个典型的断块山，断裂显著，节理裂隙发育，为地下水的补给和排泄创造了有利条件，因而庐山的泉水也是比较丰富的。在海拔900~1200 m的大天池、小天池即是由地下水汇集的水井，池水碧清透凉，甘甜香醇，池水不溢不涸，水量十分稳定。

庐山瀑布

又称“黄岩瀑布”、“开先瀑布”，这就是李白笔下“飞流直下三千尺”的“瀑布水”。

庐山瀑布下的瀑布潭

三叠泉

三叠泉又名三级泉、水帘泉，古人称“匡庐瀑布，首推三叠”，誉为“庐山第一奇观”。一叠瀑布头海拔 814.7 m，二叠瀑布头海拔 772 m，三叠瀑布头海拔 665.7 m，龙潭海拔 605.84 m。三叠泉垂直落差为 208.86 m，各级的落差依次为 42.7 m、106.3 m、59.86 m。

三叠泉下的瀑布潭

黄龙潭瀑布——位于庐山牯岭之南、黄龙寺附近

乌龙潭

位于庐山东谷长冲河末端，承纳长冲河、芦林湖之水，终年流不间断，水分五股从石隙缝中流下。

碧龙潭

又名王家坡双瀑，瀑布分两股而下，号称庐山“第一潭”。双瀑似蛟龙出岫，潭中二龙戏珠。俗有“到了碧龙潭，不愿把家还”之说。

长冲河——冲积河道

长冲河发源于大月山，流经庐山东谷，纳玉屏峰的涧水，多跌水。（摄于乌龙潭下游）

溪流——青玉峡

溪流——基岩河道，为三叠泉的上游，位于青莲寺谷地

溪流——白鹿洞贯道溪

溪流——白沙河

石门涧——基岩河道　　石门涧

石门涧，位于庐山西麓，素称“庐山西大门”。庐山最长的一条峡谷，其瀑布和泉水的流量也是庐山最大的。石门涧之水承庐山将军河、天池山、上霄峰之泉，汇聚庐山大月山水库、芦林湖、如琴湖、莲花湖的来水，是庐山最长、最宽、气势最大，水源最充足的溪涧。

在大月山水库进行水文实习，了解自记雨量计的结构与工作原理。

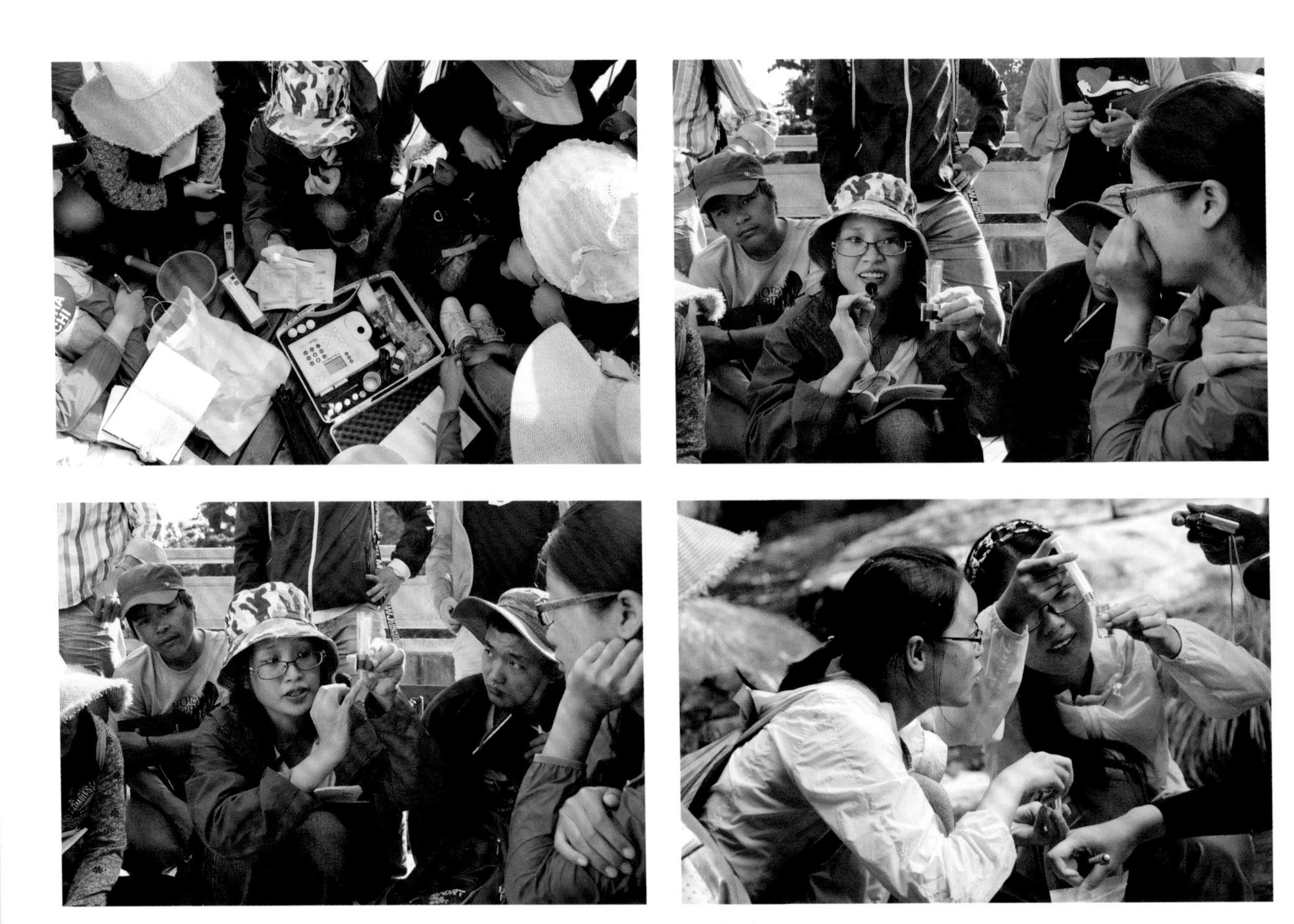

水文实习——水质分析

牯 嶺

第八章　人文地理

庐山的人文要素、历史遗迹，『以其独特的方式融汇在具有突出价值的自然美之中，形成了具有极高美学价值的，与中华民族精神和文化生活紧密联系的文化景观』。

第八章 人文地理

Chapter 8 Human Geography

牯岭镇

1895 年李德立租得长冲谷一带，共约 4500 亩土地，按照严格的规划开始了牯牛岭的开发建设。现在的牯岭镇以东谷、西谷两个谷地为主，通过牯岭街相沟通，形成“π”型的城镇形态和“一心两翼”的空间结构。“一心”是指围绕牯岭街所形成的商业中心；“两翼”分别指现在以宾馆疗养区和游览区为主的东谷片区和现在以居住生活区、行政办公区和宾馆疗养区为主的西谷片区。

东林寺

东林寺位于庐山西北麓，为晋代名僧慧远于公元 384 年创建，是佛教“净土宗”的发源地，净土宗为佛教深入社会各阶层奠定了基础，推动了印度佛教的东渐和日趋中国化，因此东林寺代表了“中国佛教化与佛教中国化的大趋势”。东林寺是在自然景观环境中设置人工禅林的先驱，展现了中国文化对佛教寺庙的濡染，开创了寺庙向风景优美自然山水转移的新趋势。

白鹿洞书院

南唐昇元四年（940 年）在白鹿洞建立学馆，号称“庐山国学”。北宋初，正式定名为“白鹿洞书院”。1180 年，宋代理学家朱熹重建白鹿洞书院，成为我国历史上第一所完备的书院和“程朱理学”的渊源地，曾被推崇为“海内书院第一”“天下书院之首”。胡适 1928 年指出“白鹿洞，代表中国近代 700 年的宋学大趋势”。全院占地面积近 3000 亩，建筑面积 6000 多平方米，由五个院落并列组成。

美庐

美庐别墅始建于 1903 年，由英国兰诺兹勋爵建造，几经转让后宋美龄成为了别墅主人。美庐别墅前临长冲河，背依大月山，坐北朝南，形如安乐椅。为石木结构，主楼为两层，附楼为一层，为英国券廊式别墅，占地面积为 455 m^2（不足庭园面积的 10%），建筑面积为 996 m^2。别墅及庭园的整体设计和营造体现了“花园城市”的美丽构想和中西文化交融的庭院布局。

大林别墅、“蔡庐”别墅

大林别墅建于 20 世纪 30 年代初，为两层石构建筑，其东向的主立面与南北侧立面的各一半，有一条环抱的敞开式外廊，廊柱以石块建造，柱间为石造的罗马券，主立面颇有空灵的韵味。

“蔡庐”别墅建于 1916 年，由主体和北面连缀的一层副房组成，建筑平面呈方形，其东向的主立面呈八角亭意向，主立面的南半侧有敞开式外廊，其廊柱为方形石制，风格粗犷，该别墅的窗额皆为拱形，为典型的英式古典建筑。

蒋介石 20 世纪 30 年代在庐山创办军官训练团时，建设了庐山图书馆、庐山大礼堂、传习学舍，并称为“三大公共建筑”。

庐山会议旧址

庐山会议旧址由中国建筑师高观四设计，1936 年建成，取名为庐山大礼堂，占地 830 m^2，总建筑面积 4000 m^2，布局严谨对称、庄严肃穆，吸取欧洲建筑元素、用大石块作墙体，同时也有中国宫殿建筑风格。

新中国成立后改名为人民剧院。毛泽东同志在这里主持过三次重要会议，现为庐山会议纪念馆。

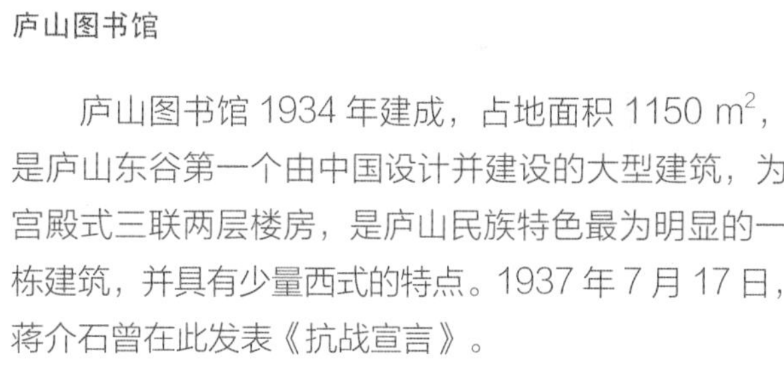

庐山图书馆

庐山图书馆 1934 年建成，占地面积 1150 m^2，是庐山东谷第一个由中国设计并建设的大型建筑，为宫殿式三联两层楼房，是庐山民族特色最为明显的一栋建筑，并具有少量西式的特点。1937 年 7 月 17 日，蒋介石曾在此发表《抗战宣言》。

庐山大厦

庐山大厦建成于 1936 年，原国民党中央党部“传习学舍”，是国民党军官训练团的中下级军官住所。占地 1800 m^2，建筑面积 9220 m^2，是中国名山上体量最大、最高的建筑。前面的大半部为四层，连接的后半部为三层，整体似六层，内为美国军营式结构。主立面多采用中国古典建筑风格，与周围的自然环境相融合。

庐山博物馆

庐山博物馆位于芦林湖畔，原为芦林一号别墅。由武汉中南设计院设计，是一座具有浓厚民族风格、中西合璧的建筑。始建于 1960 年，建筑面积 2700 m^2，为单层平顶花园式建筑，主楼为四合院式，平面呈“回”字形，中间为长方形天井花园，四周是内走廊。1961 年毛泽东第二次上山时，曾在此工作和休息。1985 年庐山博物馆迁到此，但仍保存着毛泽东的简朴卧室。

黄龙寺

黄龙寺位于庐山东谷向斜谷底部，海拔约 900 m 左右，前有天王峰，侧有黄龙潭，松林茂密，寺前有著名的“三宝树”。黄龙寺是佛教临济宗分支黄龙派，寺因所奉佛教宗派得名。历史上由于雷击、战火等原因遭遇到多次毁坏，1986 年黄龙寺复建，1987 年被列为江西省重点开发寺院。1997 年在旧有的黄龙寺前新建大雄宝殿，建筑面积约 380 m^2，匾额为彭冲所书。

喇嘛塔

小天池山巅有一白色的诺那塔（也称喇嘛塔），系 1991 年由佛界捐资修复。原塔是西康大活佛诺那呼图克的舍利塔。这位反对西藏“独立”的爱国大活佛于 1935 年逝世，弟子按其生前遗愿，将其舍利安葬于此。全塔不用雕饰，洁白素雅，轮廓分明，气势雄浑，鲜明地体现了印度如来五轮塔式的风格，是我国近代喇嘛塔建筑中的一大杰作。

仙人洞

仙人洞位于庐山天池山西麓，是由砂岩构成的岩石洞。由于大自然的不断风化和山水长期冲刷，慢慢形成天然洞窟，再加上后期人为修饰掏挖，于清朝时成为道家的洞天福地，改称仙人洞。洞高、深各约 10 m，幽深处有清泉下滴，称“一滴泉”，洞壁有“洞天玉液”等石刻题词，洞中央“纯阳殿”内置吕洞宾石像。毛泽东同志有“天生一个仙人洞，无限风光在险峰”的赞美诗句。

基督礼拜教堂

原为英国基督教会的医学会堂，建于 1910 年前后，占地 200 m^2，石砌结构，平面像“丁”字形，前面横列厢房、过间、塔楼，礼堂倚中后延，前下左突出方亭门廊，礼堂为木质穹顶无柱支撑，使用“罗马券”做窗额，立面为古罗马塔斯干柱式，有多层刻线的方形石斗。这幢建筑充分体现欧洲文艺复兴建筑思潮的余波，有罗马古典主义的烙印。现是庐山基督教协会所在地，属于文物保护单位。

庐山恋电影院

原为基督教协和礼拜堂，建于 1897 年，是当时庐山建筑体积最大的建筑之一。1960 年庐山政府将大礼堂部分拆建，改造用做电影院，取名“东谷电影院”；1980 年 7 月 12 日《庐山恋》电影在庐山恋电影院首映，是“文革”后国内第一部表现爱情的电影作品。从 1983 年开始，庐山恋电影院只放映《庐山恋》一部电影。2002 年 12 月 12 日，《庐山恋》获得“世界上在同一影院连续放映时间最长的电影”吉尼斯世界纪录。

毛泽东庐山诗词苑

毛泽东诗词碑园是为纪念毛泽东诞辰 100 周年于 1993 年 10 月动工修建，1994 年 6 月竣工，2009 年升级改造为毛泽东庐山诗词苑，并新建毛泽东与周恩来合影的青铜塑像。诗词苑位于芦林湖北端、吼虎岭南麓缓坡，占地 4400 m^2，为中国古典建筑风格，呈四合院状形态，由前后左右四个亭子组成，长廊连接沿围一圈，刻录了毛泽东、朱德等党和国家领导人的诗词，主诗碑巨石正反面分别刻录毛泽东手书和江泽民书录的《七律 · 登庐山》。

芦林大桥

芦林湖水库位于玉屏峰和星洲峰之间，1954 年施工，1955 年竣工。芦林桥建于芦林湖大坝坝面，上桥下坝形成高悬特色，桥身上段有 5 个桥孔，溢洪时，五孔喷流，成为壮丽的人工瀑布。芦林湖大坝高 32 m，长 120 m，宽 12 m，系用石块和水泥混交筑成，雄伟宽坦。

将军河水库——庐山电站大坝

将军河水库位于石门涧溪，处于庐山将军河与牯牛河交汇处。利用石门涧有利的地貌条件，在上游建坝承接黄龙谭、乌龙潭诸水，于 1956 年 9 月动工修建电站大坝，1958 年 4 月蓄水运行。发电装机容量 8760 kW，年均发电量 1385 万 kW · h，是一座以灌溉、发电为主，兼有防洪、交通及旅游等综合效益的小型水库。

庐山环山公路

新中国成立前，登临庐山只能沿着清光绪年间修筑的 1116 级石阶而上，后人将之称为“好汉坡”。新中国成立后，北山公路于 1952 年开工建设，两旁山势险峻，视野开阔。1970 年 10 月，南山公路正式开工，南山公路建成后，从南昌上庐山不再绕道九江，行车里程缩短了 30 余公里。庐山成为全国交通最为便利的高山景区之一。